大数据创新人才培养系列

U0276606

Python

程序设计基础教程

慕课版

PYTHON PROGRAMMING
TUTORIAL

◎ 薛景 陈景强 朱旻如 龚乐君 编著

人民邮电出版社

北京

图书在版编目（CIP）数据

Python程序设计基础教程：慕课版 / 薛景等编著
. -- 北京：人民邮电出版社，2018.11（2022.6重印）
（大数据创新人才培养系列）
ISBN 978-7-115-48810-7

Ⅰ. ①P… Ⅱ. ①薛… Ⅲ. ①软件工具—程序设计
Ⅳ. ①TP311.561

中国版本图书馆CIP数据核字(2018)第203141号

内 容 提 要

  本书是 Python 语言程序设计的入门教程，针对没有程序设计基础的读者。全书共分为 11 章，主要内容包括：Python 语言基础、程序的流程控制、函数与模块、数据结构、异常处理和文件操作、面向对象编程、图形用户界面、数据分析与可视化等，最后通过几个配套实验，全面应用了 Python 语言中几乎所有的知识点，帮助读者通过模仿学会使用 Python 语言进行程序设计。

  本书的配套资源包括：在线教学视频、在线教学辅助平台、电子课件和课后习题答案等。通过以上丰富且免费的配套资源，使教与学变得更加方便、简单。

  本书可作为高等院校各专业程序设计课程的相关教材，也可作为编程爱好者自学 Python 语言的参考书。

 ◆ 编　　著　薛　景　陈景强　朱旻如　龚乐君
  责任编辑　李　召
  责任印制　彭志环
 ◆ 人民邮电出版社出版发行　　北京市丰台区成寿寺路 11 号
  邮编　100164　电子邮件　315@ptpress.com.cn
  网址　http://www.ptpress.com.cn
  大厂回族自治县聚鑫印刷有限责任公司印刷
 ◆ 开本：787×1092　1/16
  印张：11.5　　　　　　　　2018 年 11 月第 1 版
  字数：298 千字　　　　　　2022 年 6 月河北第11次印刷

定价：39.80 元

读者服务热线：**(010)81055256**　印装质量热线：**(010)81055316**
反盗版热线：**(010)81055315**

Python 语言是目前主流的编程语言之一，具有广泛的应用场景，随着它的迅速普及，国内越来越多的本专科院校正在或准备开设该语言的相关课程。Python 语言功能强大且易于学习，使用它编写的程序可以在 Windows、macOS、Linux、iOS、Android 等软件操作平台上运行。它已经被越来越多的开发者、科研工作者、老师和学生接受。

本书遵循循序渐进的教学规律，从 Python 语言最基础的知识入手，从解决实际问题的需求出发，引申出各章的内容，非常适合作为零基础的程序入门级教材使用。

全书共分为 11 章，内容覆盖程序设计的四大知识板块：基础知识、流程控制及结构化程序设计、数据的操作、面向对象程序设计。本书的主要特点如下。

第一，本书面向本专科零编程基础的非计算机专业学生。为了突出编程思想的培养，并没有介绍数据库、网络编程等专业性较强的内容，而是选取比较基础的语法、流程控制、数据操作等内容进行介绍，选取的内容具有针对性，且浅显易懂，特别适合编程的入门学习者。

第二，本书作为教材，在充分考虑课时和考试范围的基础上，注重趣味性和娱乐性。全书以一连串有趣的实例将知识点串联起来进行教学，使相对枯燥的编程学习变得有趣和生动，让学生在快乐的编程体验中学会编程。

第三，本书拥有国内领先的配套资源。读者可以结合本书在线学习 MOOC 课程（https://www.icourse163.org/），还可以免费使用本书编写组开发的在线教学辅助平台（https://c.njupt.edu.cn/），并下载电子课件（PPT）和课后习题答案。通过使用以上配套资源，教与学将变得更加方便、简单。

本书是编写组各位老师多年教学研究和经验的凝练、总结，更是课程组集体智慧的结晶。第 1 章~第 3 章、第 11 章由薛景编写，第 4 章、第 5 章由朱旻如编写，第 6 章由龚乐君编写，第 7 章~第 10 章由陈景强编写，付竟芝、叶水仙参与了课后习题和配套实验的编写。薛景负责最后的统稿工作。本书配套的教学视频由薛景、陈景强、付竟芝、朱旻如、张勤、吴敏共同制作完成。此外，南京邮电大学程序设计课程组的各位老师对本书提出了许多宝贵的建议，在此对他们的辛苦付出和支持表示衷心的感谢！

由于编写组水平有限，书中疏漏及不足之处在所难免。如有问题或发现错误，烦请直接与编写组联系，不胜感激！电子邮箱：xuejing@njupt.edu.cn。

本书编写组

2018 年 4 月

在线教学辅助平台使用说明

本书配套建设了全国领先的在线教学辅助平台，为教师教学和学生学习 Python 程序设计课程提供一站式、全方位免费服务，网址：https://c.njupt.edu.cn/。

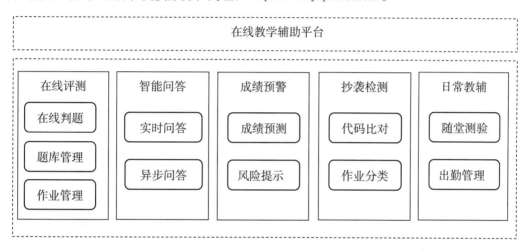

（1）本书为教师提供拥有班级管理、出勤管理、题库管理、师生在线交流等强大的功能平台，具体使用手册见本书附录 B。

（2）本书为读者提供了丰富的配套资源，包括电子课件、源代码、教学视频、在线编程练习，具体使用手册见本书附录 C。

（3）如果您在使用过程中有任何疑问，请加入 QQ 群：217681442 进行咨询。

注意：所有教学资源和平台使用仅限买本书的读者学习使用，不得以其他任何方式传播。

目 录 CONTENTS

第1章 编程前的准备工作 ………… 1

1.1 关于编程 ……………………………… 1

1.2 关于 Python ……………………………… 2

   1.2.1 Python 语言的特点 ……………… 2

   1.2.2 Python 2 与 Python 3 …………… 3

1.3 安装 Python 运行环境 ……………… 4

   1.3.1 在 Windows 下安装 …………… 4

   1.3.2 在 macOS 下安装 ……………… 5

1.4 第一个 Python 程序 ………………… 5

   1.4.1 在交互模式下运行 Python 程序 … 5

   1.4.2 选择一款编辑器 ……………… 6

   1.4.3 PyCharm ……………………… 6

   1.4.4 以文件模式运行 Python 程序 … 10

   1.4.5 Python 之禅 …………………… 11

1.5 本章小结 ……………………………… 12

1.6 课后习题 ……………………………… 12

第2章 Python 语言基础 ………… 14

2.1 常量和简单数据类型 ………………… 14

   2.1.1 数字 …………………………… 14

   2.1.2 True 和 False ………………… 15

   2.1.3 字符串 ………………………… 15

   2.1.4 数据类型的转换 ……………… 16

2.2 变量与赋值语句 ……………………… 17

   2.2.1 标识符命名 …………………… 17

   2.2.2 对象 …………………………… 17

   2.2.3 赋值语句 ……………………… 17

   2.2.4 案例：使用变量与常量 ……… 18

2.3 运算符与表达式 ……………………… 18

   2.3.1 运算符 ………………………… 18

   2.3.2 运算符的优先级 ……………… 21

   2.3.3 改变运算顺序 ………………… 22

   2.3.4 表达式 ………………………… 22

   2.3.5 eval()函数 …………………… 22

2.4 输入与输出 …………………………… 23

   2.4.1 input()函数 …………………… 23

   2.4.2 print()函数 …………………… 23

   2.4.3 格式化字符串 ………………… 24

   2.4.4 续行符 ………………………… 25

2.5 注释 …………………………………… 25

2.6 本章小结 ……………………………… 26

2.7 课后习题 ……………………………… 26

第3章 神奇的小海龟（Turtle）/29

3.1 第一个海龟程序 ……………………… 29

3.2 绘制正多边形 ………………………… 30

   3.2.1 重复、重复、再重复 ………… 30

   3.2.2 使用循环化简程序 …………… 30

   3.2.3 最重要的格式控制——缩进 … 31

3.3 绘制美丽的五角星 …………………… 31

   3.3.1 向左转，向右转 ……………… 31

   3.3.2 为五角星上色 ………………… 32

3.4 大星星和小星星 ……………………… 33

   3.4.1 函数的定义与调用 …………… 33

   3.4.2 去吧，小海龟 ………………… 34

   3.4.3 函数的参数 …………………… 35

3.5 更多关于海龟的函数 ………………… 36

3.6 本章小结 ……………………………… 37

3.7 课后习题 ……………………………… 37

第4章 程序的流程控制 ………… 40

4.1 顺序结构 ……………………………… 40

4.2 分支结构 ……………………………… 41

   4.2.1 if...else 语句 ………………… 41

   4.2.2 elif 语句 ……………………… 42

4.3 循环结构 ………………………………43

　　4.3.1 while 语句 …………………43

　　4.3.2 for 语句 ……………………43

　　4.3.3 嵌套循环 …………………44

　　4.3.4 循环中的 else 语句 ………45

4.4 流程中转 break 语句和 continue
　　语句 ……………………………………45

4.5 综合案例 ………………………………47

4.6 本章小结 ………………………………49

4.7 课后习题 ………………………………49

第 5 章　函数与模块 …………54

5.1 函数的定义与调用 ……………………54

　　5.1.1 文档字符串 …………………55

　　5.1.2 函数调用 …………………55

　　5.1.3 函数的返回值 ………………56

　　5.1.4 匿名函数 …………………57

5.2 函数的参数传递 ………………………57

　　5.2.1 默认参数与关键字参数 ……58

　　5.2.2 不定长参数 …………………59

5.3 变量的作用域 …………………………59

5.4 函数的递归 ……………………………61

5.5 模块化程序设计 ………………………62

　　5.5.1 模块及其引用 ………………63

　　5.5.2 包 …………………………65

5.6 内置函数 ………………………………66

5.7 本章小结 ………………………………67

5.8 课后习题 ………………………………68

第 6 章　数据结构 ……………70

6.1 元组 ……………………………………70

　　6.1.1 创建元组 …………………70

　　6.1.2 访问元组中的数据 …………71

　　6.1.3 元组的连接 …………………71

　　6.1.4 删除元组 …………………71

　　6.1.5 常用元组函数 ………………72

6.2 列表 ……………………………………72

　　6.2.1 创建列表 …………………72

　　6.2.2 访问列表中的数据 …………72

　　6.2.3 列表赋值 …………………72

　　6.2.4 删除列表中的元素 …………73

　　6.2.5 列表数据的操作方法 ………73

　　6.2.6 常用列表函数 ………………75

6.3 字符串 …………………………………75

　　6.3.1 字符串的表示 ………………75

　　6.3.2 字符串的截取 ………………75

　　6.3.3 连接字符串 …………………75

　　6.3.4 格式化字符串 ………………76

　　6.3.5 字符串的操作方法 …………77

　　6.3.6 其他操作 …………………77

6.4 字典 ……………………………………78

　　6.4.1 字典的创建 …………………78

　　6.4.2 访问字典中的数据 …………78

　　6.4.3 修改字典中的数据 …………78

　　6.4.4 字典的操作方法 ……………79

　　6.4.5 常用的字典函数 ……………80

　　6.4.6 嵌套字典 …………………81

6.5 集合 ……………………………………81

　　6.5.1 创建集合 …………………81

　　6.5.2 集合数据的添加与删除 ……81

　　6.5.3 集合的数学运算 ……………81

6.6 本章小结 ………………………………82

6.7 课后习题 ………………………………83

第 7 章　异常处理和文件操作 …85

7.1 异常处理 ………………………………85

　　7.1.1 try…except 语句 ……………86

　　7.1.2 finally 语句 …………………87

7.2 断言 ……………………………………87

7.3 文件操作 ………………………………88

　　7.3.1 写文件操作 …………………89

　　7.3.2 读文件操作 …………………90

　　7.3.3 with 语句 …………………91

7.4 本章小结 ………………………………92

7.5 课后习题 ………………………………92

第8章 面向对象编程 …………94

8.1 类和对象 ……………………94

8.1.1 Person 类的定义与实例化………95

8.1.2 Person 类的完整定义 ………96

8.1.3 对象属性的默认值设置 ………97

8.1.4 对象属性的添加、修改和删除 …98

8.1.5 私有属性和私有方法 ………98

8.1.6 类属性 ……………………99

8.2 类的继承 …………………100

8.2.1 一个简单的继承例子 ………100

8.2.2 子类方法对父类方法的覆盖 …101

8.2.3 在子类方法中调用父类的

同名方法 ………………102

8.3 本章小结 …………………103

8.4 课后习题 …………………103

第9章 图形用户界面 ………105

9.1 Tkinter 简介 ………………105

9.1.1 第一个 Tkinter 窗口………105

9.1.2 在窗口中加入组件 …………106

9.1.3 为按钮设置动作事件 ………107

9.1.4 坐标管理器 …………………108

9.2 Tkinter 组件及其属性 ………109

9.2.1 Label 组件和 Entry 组件……110

9.2.2 Listbox 组件 ………………111

9.2.3 Canvas 组件 ………………112

9.3 案例分析：简单计算器 ………113

9.3.1 实现计算器界面 ……………114

9.3.2 实现数字按钮的点击功能 …115

9.3.3 实现小数点按钮的功能 ……115

9.3.4 实现运算按钮的功能 ………116

9.4 本章小结 …………………117

9.5 课后习题 …………………117

第10章 数据分析与可视化 …119

10.1 数值计算库 numpy …………119

10.1.1 创建 numpy 数组…………119

10.1.2 数组与数值的算术运算………120

10.1.3 数组与数组的算术运算………121

10.1.4 数组的关系运算……………121

10.1.5 分段函数 ……………………122

10.1.6 数组元素访问………………122

10.1.7 数组切片操作………………123

10.1.8 改变数组形状………………123

10.1.9 二维数组转置………………124

10.1.10 向量内积……………………124

10.1.11 数组的函数运算……………125

10.1.12 对数组的不同维度元素进行

计算 ………………………125

10.1.13 广播 ……………………126

10.1.14 计算数组中元素的出现

次数 ………………………127

10.1.15 矩阵运算……………………127

10.2 科学计算扩展库 scipy …………128

10.2.1 常数模块 constants…………128

10.2.2 特殊函数模块 special………129

10.2.3 多项式计算与符号计算………129

10.3 数值计算可视化库 matplotlib …131

10.3.1 绘制正弦曲线………………131

10.3.2 绘制散点图…………………132

10.3.3 绘制饼图……………………134

10.3.4 绘制带有中文标签和图例

的图 ………………………135

10.3.5 绘制带有公式的图…………135

10.3.6 绘制三维参数曲线…………136

10.3.7 绘制三维图形………………137

10.4 本章小结 …………………139

10.5 课后习题 …………………139

第11章 学生成绩管理系统的

设计与实现 ………141

11.1 系统概述 …………………141

11.2 数据类型的定义 ……………142

11.3 为学生类型定制的基本操作………143

11.4 用文本文件实现数据的永久
　　　保存 ························ 146

11.5 用两级菜单四层函数实现系统 ···· 148

11.6 课后习题 ····················· 152

附录 A　配套实验 ············· 153

实验一　使用 Turtle 库绘制七巧板 ······· 153

实验二　程序的流程控制 ············· 155

实验三　函数的定义和调用 ············· 156

实验四　数据结构及文件读写应用 ········ 159

实验五　GUI 程序设计 ···················· 162

**附录 B　在线教学辅助平台教师
　　　使用手册** ············· 164

**附录 C　配套电子资源使用
　　　手册** ················ 169

01 第1章 编程前的准备工作

学习目标

- 了解 Python 语言的特点。
- 掌握安装 Python 3.x 运行环境的方法。
- 掌握在交互模式下运行 Python 语句的方法。
- 掌握建立、保存、打开、编辑以及运行 Python 程序文件的方法。

本章电子课件

　　程序设计（编程）是一项非常热门的计算机应用能力，Python 语言使学习这项新技能变得非常容易，在深入学习编程之前，你需要先了解它的基础知识，并为今后的学习做准备。本章将讨论如何搭建 Python 语言的开发环境，以及如何编辑和运行一个简单的 Python 程序。

1.1　关于编程

关于编程

　　众所周知，计算机在人们的工作和生活中发挥了巨大的作用，它可以帮助人们完成非常复杂的计算工作，处理海量的数据，分析数据之间的关系，最后还能以图形化的方式将处理结果展现在人们的面前。那么，计算机是如何完成这些工作的呢？

　　其实，计算机并不是天生就具备这些超强的能力，它只不过是按照人们预先设置好的**程序（Program）**一步一步地完成自己的工作，而程序就是一组告诉计算机应该如何正确工作的指令集合。因为计算机的计算速度特别快，所以使用计算机可以大大提高人们的工作效率。

　　简单地说，程序设计也就是**编程（Programming）**，是让计算机按照**程序员（Programmer）**给出的指令去做一些它能够胜任的工作，如解一个方程、绘制一幅图像、获取一张网页上的数据等。如果你直接对着计算机说中文，计算机是不能理解你所说的内容的，所以你需要使用计算机能够理解的语言和它交流。计算机能够理解的语言，称为**程序设计语言（Programming**

Language），本书的核心内容就是教你使用一门程序设计语言——Python，使用这门语言，计算机就可以帮助你把工作做得更快、更好。

1.2 关于 Python

Python 是一种极少数能兼具**简单**与**功能强大**两个特点的编程语言。你将惊异地发现这门编程语言是如此简单，它专注于如何解决问题，而非拘泥于语法与结构。

Python 的官方网站是这样描述这门语言的。

Python 是一款易于学习且功能强大的开放源代码的编程语言。它可以快速帮助人们完成各种编程任务，并且能够把用其他语言制作的各种模块很轻松地联结在一起。使用 Python 编写的程序可以在绝大多数平台上顺利运行。

1.2.1 Python 语言的特点

选择 Python 语言作为程序设计的入门语言，其主要原因是相比于其他计算机编程语言，它具有以下特点。

（1）简单（**Simple**）。Python 是一门语法简单且风格简约的语言。阅读一份优秀的 Python 代码就如同在阅读英语文章一样，尽管这门英语也会有严格的语法格式！**Python** 这种接近自然语言的书写特质正是它的一大优势，能够让你专注于解决问题的方案，而不是语言本身。

（2）易于学习（**Easy to Learn**）。正如你即将看到的，**Python** 是一门非常容易入门的语言，它具有一套简单的语法体系，这大大降低了学习计算机编程的门槛。

（3）自由且开放（**Free and Open Source**）。Python 是 FLOSS（自由/开放源代码软件）的成员之一。简单来说，可以自由地分发这一软件的拷贝，阅读它的源代码，并对其做出改动，或是将它的一部分运用于一款新的自由程序中。FLOSS 基于一个可以分享知识的社区理念而创建。这正是 Python 能如此优秀的一大原因——它由一群希望看到 Python 能变得更好的社区成员创造，并持续改进至今。

（4）高级语言（**High-level Language**）。就像其他的计算机高级语言一样，在用 Python 编写程序时，你不必考虑诸如程序应当如何使用 CPU 或者内存等具体实现细节。

（5）跨平台性（**Portable**）。由于其开放源码的特性，Python 已经被移植到其他诸多软件操作平台（如 Windows、mac OS、Linux、iOS、Android 等）中。如果小心地避开了所有系统依赖型的特性，不必做出任何改动，所有的 Python 程序就可以在其中任何一个平台上工作。

（6）解释执行（**Interpreted**）。使用诸如 C 或 C++等编译执行类语言编写程序时，需要将这些语言的源代码通过**编译程序**（**Compiler**）转换成计算机使用的语言（如由 0 与 1 构成的二进制码），当运行这些程序时，链接程序或载入程序将会从硬盘中将程序复制到内存中并将其运行。

然而，作为解释执行类的 Python 语言，不需要将其编译成二进制码，只需要直接从源代码运行该程序。在程序内部，Python 会将源代码转换为**字节码**（**Bytecodes**）的中间形式，然后再转换成计算机使用的语言，并运行它。实际上，这一流程使得 Python 更加易于使用，你不必再担心该如何编译程序，或如何保证适当的库被正确地链接并加载等步骤。这种运行方式使得 Python 程序更加易于迁移，只需要将 Python 程序复制到另一台计算机便可让它立即开始工作！

（7）面向对象（**Object Oriented**）。Python 同时支持面向过程编程与面向对象编程。在**面向过程**（**Procedure-oriented**）的编程语言中，程序仅仅是由带有可重用特性的子程序与函数构建起来的。在**面向对象**的编程语言中，程序是由结合了数据与功能的对象构建起来的。与 C++或 Java 这些大型的面向对象语言相比，Python 用特别的、功能强大又简单的方式来实现面向对象编程。

（8）**可扩展性**（**Extensible**）。如果你需要代码的某一重要部分能够快速地运行，或希望算法的某些部分不被公开，可以在 C 或 C++语言中编写这些程序，然后再将其运用于 Python 程序中，Python 可以完美地与这些使用其他语言编写的程序一起工作。

（9）**可嵌入性**（**Embeddable**）。可以在 C 或 C++程序中嵌入 Python 程序，从而向程序用户提供**编写脚本**（**Scripting**）的功能。

（10）**丰富的库**（**Extensive Libraries**）。实际上 Python 标准库的规模非常庞大。它能够帮助用户完成诸多事情，包括正则表达式、文档生成、单元测试、多线程、数据库、网页浏览器、CGI、FTP、邮件、XML、XML-RPC、HTML、WAV 文件、密码系统、GUI（图形用户界面），以及其他系统依赖型的活动。只需记住，只要安装了 Python，这些功能便随时可用。

除了标准库以外，你还可以在 Python 库索引（https://pypi.python.org/pypi）中发掘许多其他高质量的库。

Python 实在是一门令人心生激动且功能强大的语言。它恰当地结合了性能与功能，使得编写 Python 程序是如此简易又充满了乐趣。

1.2.2　Python 2 与 Python 3

如果你对 Python 2 与 Python 3 之间的区别不感兴趣，那么可以略过本小节。但务必注意你正在使用的版本，因为不同版本的 Python 在程序语法上并不兼容，即遵循 Python 2 语法书写的源程序也无法顺利地在 Python 3 的运行环境中运行，反之亦然。本书是以 **Python 3** 为默认运行环境撰写的。

只要正确理解并学习了其中一个版本的 Python，你就可以很容易地理解与另一版本的区别，并能快速学习如何使用。在学习中，真正困难的是学习如何编程以及理解 Python 语言的基础部分。这便是本书希望讨论的关键目标，而一旦你达成了该目标，便可以根据实际情况，决定是使用 Python 2 还是 Python 3。

要想了解有关 Python 2 和 Python 3 之间区别的更多细节，可自行在网上查询学习。

1.3 安装 Python 运行环境

1.3.1 在 Windows 下安装

在 Windows 下安装

访问 Python 的官方网站并下载最新版本的 Python 安装程序，请根据 Windows 版本（32 位或者 64 位）选择对应的安装文件，如图 1-1 所示。其安装过程与 Windows 平台其他软件的安装过程并没有太大的差别。

Files

Version	Operating System	Description	MD5 Sum	File Size	GPG
Gzipped source tarball	Source release		2d0fc9f3a5940707590e07f03ecb08b9	22540566	SIG
XZ compressed source tarball	Source release		692b4fc3a2ba0d54d1495d4ead5b0b5c	16872064	SIG
Mac OS X 64-bit/32-bit installer	Mac OS X	for Mac OS X 10.6 and later	6dd08e7027d2a1b3a2c02cfacbe611ef	27511848	SIG
Windows help file	Windows		69082441d723060fb333dcda8815105e	7986690	SIG
Windows x86-64 embeddable zip file	Windows	for AMD64/EM64T/x64, not Itanium processors	708496ebbe9a730d19d5d288afd216f1	6926999	SIG
Windows x86-64 executable installer	Windows	for AMD64/EM64T/x64, not Itanium processors	ad69fdacde90f2ce8286c279b11ca188	31392272	SIG
Windows x86-64 web-based installer	Windows	for AMD64/EM64T/x64, not Itanium processors	a055a1a0e938e74c712a1c495261ae6c	1312520	SIG
Windows x86 embeddable zip file	Windows		8dff09a1b19b7a7dcb915765328484cf	6320763	SIG
Windows x86 executable installer	Windows		3773db079c173bd6d8a631896c72a88f	30453192	SIG
Windows x86 web-based installer	Windows		f58f019335f39e0b45a0ae68027888d7	1287064	SIG

图 1-1 根据 Windows 版本选择对应的安装程序进行下载

注意：请务必在安装界面中确认勾选了 Add Python 3.7 to PATH 选项，如图 1-2 所示。

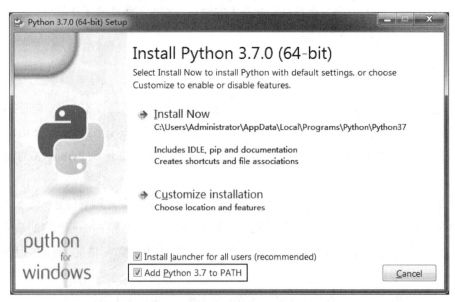

图 1-2 安装时请勾选 Add Python 3.7 to PATH 选项

1.3.2　在 macOS 下安装

对于 macOS 用户，既可以使用 Homebrew 并通过命令 brew install python 3 进行安装，也可以在官方网站下载对应的 macOS 版本安装程序进行安装，如图 1-3 所示。

Files

Version	Operating System	Description	MD5 Sum	File Size	GPG
Gzipped source tarball	Source release		2d0fc9f3a5940707590e07f03ecb08b9	22540566	SIG
XZ compressed source tarball	Source release		692b4fc3a2ba0d54d1495d4ead5b0b5c	16872064	SIG
Mac OS X 64-bit/32-bit installer	Mac OS X	for Mac OS X 10.6 and later	6dd08e7027d2a1b3a2c02cfacbe611ef	27511848	SIG
Windows help file	Windows		69082441d723060fb333dcda8815105e	7986690	SIG
Windows x86-64 embeddable zip file	Windows	for AMD64/EM64T/x64, not Itanium processors	708496ebbe9a730d19d5d288afd216f1	6926999	SIG
Windows x86-64 executable installer	Windows	for AMD64/EM64T/x64, not Itanium processors	ad69fdacde90f2ce8286c279b11ca188	31392272	SIG
Windows x86-64 web-based installer	Windows	for AMD64/EM64T/x64, not Itanium processors	a055a1a0e938e74c712a1c495261ae6c	1312520	SIG
Windows x86 embeddable zip file	Windows		8dff09a1b19b7a7dcb915765328484cf	6320763	SIG
Windows x86 executable installer	Windows		3773db079c173bd6d8a631896c72a88f	30453192	SIG
Windows x86 web-based installer	Windows		f58f019335f39e0b45a0ae68027888d7	1287064	SIG

图 1-3　下载对应的 macOS 版本安装程序安装 Python 3

验证安装是否成功，可以按 Command+Space 组合键（以启动 Spotlight 搜索），输入 Terminal 并按下 Enter 键启动终端程序。现在，试着运行 Python 3 来确保其没有任何错误。

1.4　第一个 Python 程序

下面将介绍如何在 Python 中运行一个传统的"Hello World"程序，包括如何编写、保存与运行 Python 程序。

通过 Python 运行程序有两种方法：使用交互式解释器提示符和直接运行一个源代码文件。下面介绍如何使用这两种方法。

1.4.1　在交互模式下运行 Python 程序

在操作系统中打开终端（Terminal）程序（在 Windows 操作系统中被称为命令提示符），然后输入 python 3 并按 Enter 键来打开 Python 提示符工具（Python Prompt）。

在交互模式下运行
Python 程序

启动 Python 后，会出现 ">>>"。这个被称作 **Python 解释器提示符（Python Interpreter Prompt）**。

在 Python 解释器提示符后输入以下语句。

```
print("Hello World!")
```

在输入完成后按 Enter（回车）键，会看到屏幕上打印出 Hello World! 字样。

用户会注意到，Python 立即输出了一行结果！刚才输入的便是一句独立的 Python 语句。使用 print 命令可以打印用户提供的信息。这里提供了文本 Hello World!，然后它便被迅速打印到屏幕上。

如果要退出提示符，只需在解释器提示符后输入：

```
exit()
```

注意：exit 后要包含一对括号()，并按 Enter 键来退出解释器提示符。

在 macOS 的终端程序中，上述操作的执行过程如图 1-4 所示。

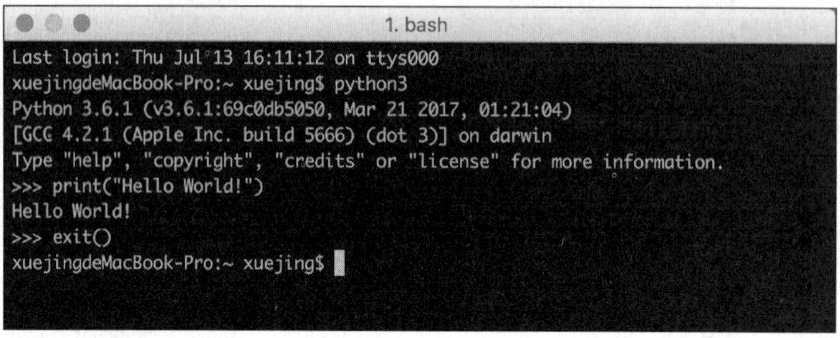

图 1-4　在 Python 解释器提示符中执行 print("Hello World!")

1.4.2　选择一款编辑器

当我们希望运行某些程序时，总不能每次都在解释器提示符中输入希望运行的程序。因此需要将它们保存为文件，以后便可以多次运行这些程序。

创建 Python 源代码文件，需要一款能够提供输入并存储代码的编辑器软件。一款优秀的编辑器能够使编写源代码的工作变得轻松许多。故而选择一款编辑器至关重要。要像挑选想要购买的汽车一样挑选编辑器。一款优秀的编辑器能够帮助用户更轻松地编写 Python 程序，使用户的编程之旅更加舒适，并帮助找到一条更加安全、快速的道路到达目的地。

对编辑器的最基本要求为**语法高亮**，这一功能通过标以不同的颜色来帮助区分 Python 程序中的不同部分，从而更好地阅读程序，并使它的运行模式更加形象化。

如果你对应该从哪里开始还没有概念，本书推荐使用 **PyCharm 教育版**软件，它在 Windows、macOS X、GNU/Linux 上都可以运行。在下一节你将了解到更多信息。

如果你使用的是 Windows 系统，不要用记事本——这是一个很糟糕的选择，因为它没有语法高亮功能，而且不支持文本缩进功能，之后你将会慢慢了解这一功能究竟有多重要。而一款好的编辑器能够自动帮助你完成这一工作。

如果你已是一名经验丰富的程序员，那一定在用 Sublimes Text 或 Visual Studio Code 了。无需多言，它们都是最强大的编辑器之一，用它们来编写 Python 程序自是受益颇多。

再此重申，你可以选择任意一款合适的编辑器——它能够让编写 Python 程序变得更加有趣且容易。同时，此刻你更应该专注于学习 Python 而不是编辑器的使用方法。

1.4.3　PyCharm

PyCharm 教育版是一款有助于编写 Python 程序的免费编辑器，读者可以在官网进行下载。

（1）打开 PyCharm 时，会看见如图 1-5 所示的界面，单击 Create New Project。

图 1-5　PyCharm 欢迎界面

在如图 1-6 所示的界面中，选择 Pure Python。

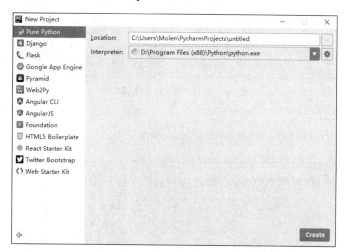

图 1-6　选择 Pure Python 项目

（2）将项目路径位置中的 untitled 更改为 helloworld，如图 1-7 所示。

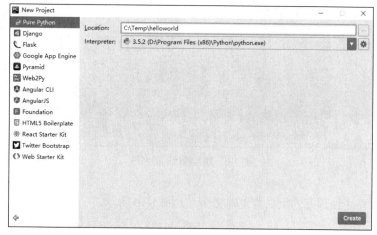

图 1-7　更改项目的保存路径

（3）建立好项目之后，在如图 1-8 所示的界面中，右击选中侧边栏中的 helloworld，并选择 New→Python File。

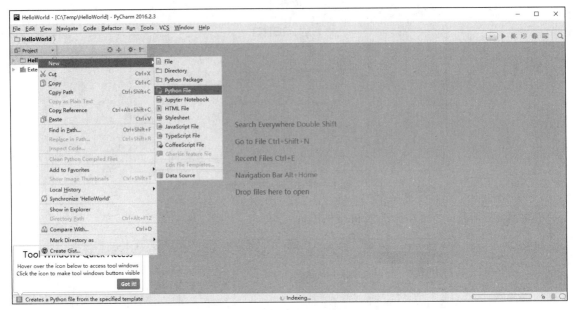

图 1-8　新建 Python 源代码文件

（4）输入源代码的名称，这里输入 Hello，这是第一个源代码的名称，如图 1-9 所示。

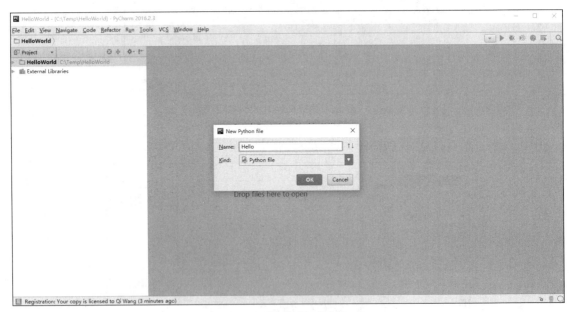

图 1-9　输入源代码的名称

现在可以看见一个新建好的空白源代码文件，如图 1-10 所示。

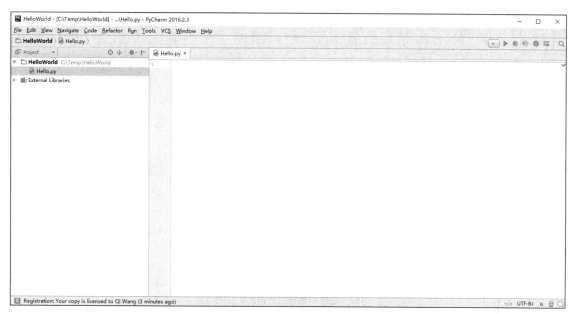

图 1-10　新建好的空白源代码文件

（5）删除那些已存在的内容，输入以下代码。

```
print("hello world")
```

（6）右击输入的内容（无需选中文本），然后单击 Run 'Hello'，如图 1-11 所示。

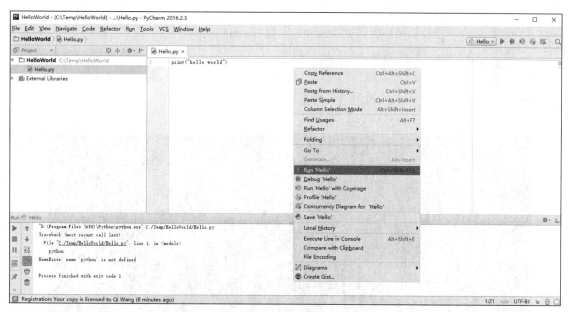

图 1-11　运行源代码文件

此刻可以看到程序输出的内容，如图 1-12 所示。

非常好！虽然只是刚开始的几个步骤，但从今以后，创建一个新的文件时，记住只需在 helloworld 上右击，选择 New→Python File，执行如上步骤，输入内容并运行即可。

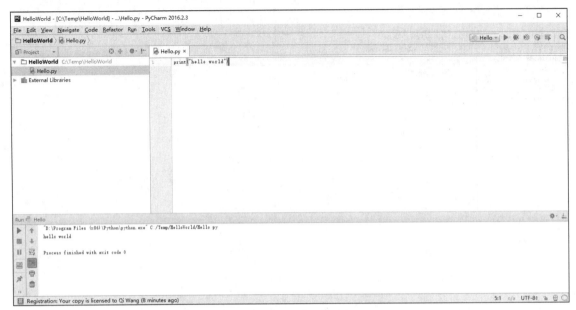

图 1-12　源代码运行后会输出相应的结果

1.4.4　以文件模式运行 Python 程序

在上一节中我们学习了如何使用一款代码编辑器软件来完成代码的创建、保存和运行的相关操作，如果想要直接运行一段从网络上下载的 Python 程序，可以按以下步骤操作。

（1）打开终端（命令提示符）窗口。

（2）使用 cd 命令修改目录到保存文件的地方，如 cd /tmp/py。

（3）输入命令 Python 源代码文件名来运行程序。

例如，在 Windows 的命令提示符中运行保存好的 hello.py 程序（假设 hello.py 保存在 C:\Temp\HelloWorld 文件夹下）的输出结果如图 1-13 所示。

图 1-13　在命令提示符中运行 Python 源代码的操作过程

如果得到了与图 1-13 类似的输出结果，那么恭喜你！——你已经成功运行了第一个 Python 程序，亦成功穿过了学习编程最困难的部分。

如果你遭遇了什么错误，请确认是否已经正确输入了上面列出的内容，并尝试重新运行程序。注意，Python 是区分大小写的，如 print 和 Print 是不同的，前者的 p 是小写的，而后者的 P 是大写的。此外，你需要确保每一行的第一个字符前面都没有任何空格或制表格，我们会在后面的章节中介绍为什么字符的格式对于 Python 源代码格外重要。

1.4.5　Python 之禅

无论使用哪一种编程工具来书写 Python 语言的代码，如果想编写出好的程序，本书强烈建议你先在 Python 的交互模式中输入 import this 语句，Python 会告诉你设计程序的基本原则，这些基本原则才是程序员在程序设计过程中需要经常思考并努力实现的目标。

```
>>> import this
The Zen of Python, by Tim Peters

Beautiful is better than ugly.
Explicit is better than implicit.
Simple is better than complex.
Complex is better than complicated.
Flat is better than nested.
Sparse is better than dense.
Readability counts.
Special cases aren't special enough to break the rules.
Although practicality beats purity.
Errors should never pass silently.
Unless explicitly silenced.
In the face of ambiguity, refuse the temptation to guess.
There should be one-- and preferably only one --obvious way to do it.
Although that way may not be obvious at first unless you're Dutch.
Now is better than never.
Although never is often better than *right* now.
If the implementation is hard to explain, it's a bad idea.
If the implementation is easy to explain, it may be a good idea.
Namespaces are one honking great idea -- let's do more of those!
```

为了方便读者理解，本书引用了网络上的翻译，并稍稍做了修改。

优美胜于丑陋。（Python 以编写优美的代码为目标。）

明了胜于晦涩。（优美的代码应当是明了的，见名知义，风格相似。）

简洁胜于复杂。（优美的代码应当是简洁的，不要有复杂的内部实现。）

复杂胜于难懂。（如果复杂不可避免，那代码间也不能有难懂的关系，要保持接口简洁。）

扁平胜于嵌套。（优美的代码应当是结构流畅的，不能有太多的嵌套。）

间隔胜于紧凑。（优美的代码有适当的间隔，不要把代码都堆放在一起。）

可读性很重要。（优美的代码是给更多的人阅读并使用的，给别人方便就是给自己方便。）

尽管为了实现更多的功能，程序会越来越复杂，但特例也不能凌驾于规则之上。

不要忽略任何错误，除非你确认要这么做。（任何小错误，都会让你的程序崩溃。）

当存在多种可能时，不要尝试去猜测。（程序应该尽最大努力处理可能遇到的各种情况。）

尽量找一种，最好是唯一一种明显的解决方案。（因为不明显的东西，别人看不明白呀。）

虽然一开始这种方法并不是显而易见的，因为你不是 Python 之父。（编程需要多多练习。）

做也许好过不做，但没有思考的做还不如不做。（思考才是学习编程的主要方法。）

如果实现过程很难解释，那它就是个坏想法。（不去写超出自己能力范围的程序。）

如果实现过程容易解释，那它有可能是个好想法。（易于实现的方法将会提高编程效率。）

命名空间是个绝妙的想法，请多加利用！（一段程序可以是一个文件，而命名空间就是文件夹。）

1.5　本章小结

本章我们学习了搭建 Python 语言开发环境及编写、运行 Python 程序的相关知识。

程序设计是使用现代计算机技术解决现实问题的关键能力，为了帮助大家掌握这项非常重要的能力，本教材选择 Python 语言作为学习编程的首选工具，之所以选择 Python 是因为它足够简单易学且功能强大。

为了运行 Python 语言的程序，首先在官方网站下载运行环境，值得注意的是，Python 有两个不同的版本，分别是 Python 2 和 Python 3，不同版本的 Python 程序并不能相互兼容，本教材的代码均在 Python 3 的环境下编写运行。除了使用 Python 官方提供的开发工具 IDE 以外，还可以使用 PyCharm 作为编写 Python 程序的开发环境。

安装完 Python 的运行及开发环境之后，可以在开发工具中创建和运行一个 Python 程序。Python 程序的运行方式有两种，分别是交互模式和文件模式，在交互模式下，Python 会立刻运行输入的程序并返回运行结果，而在文件模式中，可以将程序代码放在以 .py 结尾的 Python 程序文件中，这样就可以反复修改并运行保存在存储器中的程序。

1.6　课后习题

扫码在线做习题

一、单选题

1. 在 Python 中我们最常用来在屏幕上输出计算结果的功能函数是 _____。

    A. output()　　　　B. print()　　　　C. screen()　　　　D. write()

2. Python 语言的特点不包含 _____。

    A. Python 语言十分简洁　　　　　　　B. Python 语言只能使用编译执行

    C. Python 语言是面向对象的编程语言　　D. Python 语言必须修改才能跨平台运行

3. 下列代码运行时不会产生错误的是 _____。

    A. print('Hello, I'm fine')　　　　　　B. print("Hello, I'm fine")

    C. print('Hello, I'm fine")　　　　　　D. print("Hello, I'm fine')

4. 下列语句没有错误的是 _____。

    A. 'hello' + 2　　B. 'hello' * '2'　　C. 'hello' * 2　　D. 'hello' - '2'

二、填空题

1. 下列表达式的计算结果是 _____。

```
>>>30-3**2+8//3*2/10
```

2．下列字符串的运行结果是＿＿＿＿＿＿＿＿＿＿＿。

```
>>>"12"+"34"
```

三、编程题

编写程序，完成下列题目：将 This is TOM 字符串输出到三行，每行一个单词。（注意：每个单词后面都没有空格）

输出样例：

```
This
is
TOM
```

02 第2章 Python语言基础

学习目标

- 掌握数字类型数据的使用方法。
- 掌握字符串类型数据的使用方法。
- 理解常量的概念，掌握常量的使用方法。
- 理解变量的概念，掌握变量的使用方法。
- 理解运算符、表达式的概念。
- 掌握常用运算符的运算规则、优先级等特点。

本章电子课件

只是打印出 Hello world 对于 Python 来说简直是大材小用。你一定希望 Python 可以做更多的工作，在这过程中自然会存在很多关于计算的事情。本章将介绍如何让 Python 完成简单的计算，以及所需的相关知识。

2.1 常量和简单数据类型

先举一些**常量**（**Literal Constants**）的例子，例如，5 和 1.23 这样的数字常量，或者是如"这是一串文本"或"This is a string"这样的字符串常量。

之所以称这些数据为常量，是因为我们使用的就是它**字面意义上**（**Literal**）的值或是内容。不管在哪种应用场景中，数字 2 总是表示它本身的意义而不可能有其他的含义，所以它就是一个常量，因为它的值不能被改变。

下面通过介绍不同类型的常量，来介绍 Python 中使用的基本数据类型。

2.1.1 数字

常见的数字主要有 3 种类型——**整数**（**Integers**）.**浮点数**（**Floats**，也称实数）与**复数**（**Complex**）。

例如，2 或者 100 都是整数，即没有小数点，也没有分数的表示形式。整数有下列表示方法。

（1）十进制整数：如 1、100、12345 等。

（2）十六进制整数：以 0X 开头，X 可以是大写或小写，如 0X10、0x5F、0xABCD 等。

（3）八进制整数：以 0O 开头，O 可以是大写或小写，如 0o12、0o55、0O77 等。

（4）二进制整数：以 0B 开头，B 可以是大写或小写，如 0B111、0b101、0b1111 等。

整数类型的数据对象不受数据位数的限制，只受可用内存大小的限制。

浮点数（Floating Point Numbers，在英文中也会简写为 floats）的例子是 3.23 或 52.3E-4。其中，**E 表示 10 的幂**。在这里，52.3E-4 表示 $52.3*10^{-4}$。

除了整数和浮点数，Python 还考虑到了**复数**的表示方式，复数是由实部和虚部组合在一起构成的数。例如，3+4j、3.1+4.1j，其中加号左边的数为实部，加号右边的为虚部，用后缀 j 表示。

2.1.2　True 和 False

和现实生活一样，计算机中也有表示对和错、真和假这样的逻辑常量，它们就 True 和 False，正如字面上的意思，**True** 表示真，用来表示某个命题是正确的，**False** 表示假，用来表示某个命题是错误的。请记住，计算机中是没有半对半错的概念的，非假即真，一定是这样的！

2.1.3　字符串

一串字符串（**String**）就是一组字符（**Characters**）的**序列**（**Sequence**）。基本上，可以把字符串理解成一串词语的组合，可以是任何你能想到的字符所进行的随意组合。

字符串

将会在几乎所有的 Python 程序中使用字符串，所以请务必关注以下细节。

（1）单引号

可以使用单引号来指定字符串，例如，'将字符串这样框进来' 或 'Quote me on this'。

所有引号内的字符，包括各种特殊字符，诸如空格与制表符，都将按原样保留。

（2）双引号

被双引号包括的字符串和被单引号括起的字符串的工作机制完全相同。例如，"你的名字是？"或"What's your name?"。

（3）三引号

甚至还可以使用 3 个引号——"""或 '' 来指定多行字符串，因此，可以在三引号中随意换行，而且可以在三引号之间自由地使用单引号与双引号。例如：

```
'''这是一段多行字符串。这是它的第一行。
This is the second line.
"What's your name?," I asked.
He said "Bond, James Bond."
'''
```

（4）转义字符

想象一下，如果希望生成一串包含单引号（'）的字符串，应该如何指定这串字符串？例如，想要的字符串是 What's your name?。不能指定'What's your name?'，因为这会使 Python 对于何处是字符串的开始、何处又是结束而感到困惑。所以，必须指定这个单引号不代表这串字符串的结尾。这可以通过**转义字符**（**Escape Sequence**）来实现。在 Python 中通过\来表示一个转义字符。现在，可以将字符串指定为'What\'s your name?'。

另一种指定这一特别的字符串的方式为："What's your name?"，同样，如果需要在字符串中使用双引号，亦可以使用单引号把字符串包含起来。当然，必须在使用双引号括起的字符串中对字符串内的双引号使用转义序列。最后，如果需要在字符串中表示\，必须使用转义序列\\来指定反斜杠本身。

如果想指定一串双行字符串该怎么办？一种方式即使用如前所述的三引号字符串，或者使用一个表示新一行的转义序列——\n 来表示新一行的开始。例如：

```
'This is the first line\nThis is the second line'
```

Python 中常见的转义字符如表 2-1 所示。

表 2-1   Python 中的常见转义字符

转义字符	含义	转义字符	含义
\'	单引号	\t	横向制表符
\"	双引号	\v	纵向制表符
\\	字符 "\" 本身	\r	回车符
\a	响铃	\f	换页符
\b	退格符	\y	八进制数 y 表示的字符
\n	换行符	\xy	十六进制数 y 表示的字符

需要注意的是，字符串末尾的反斜杠表示字符串将在下一行继续，但不会添加新的一行。例如：

```
"This is the first sentence. \
This is the second sentence."
```

相当于

```
"This is the first sentence. This is the second sentence."
```

（5）原始字符串

如果需要指定一些未经过特殊处理的字符串，如转义序列，那么需要在字符串前增加 r 或 R 来指定一个原始字符串（**Raw String**）。例如：

```
r"Newlines are indicated by \n"
```

2.1.4 数据类型的转换

为了能让各种不同类型的数据更好地在一起工作，经常需要转换数据类型。为了更好地理解数据类型，此处，在程序中引入 type() 函数，该函数可以输出参数的数据类型。例如，在交互模式中输入以下命令可以得到各个常量的数据类型。

```
>>> type(100)
<class 'int'>
>>> type(3.14)
<class 'float'>
>>> type("Hello")
<class 'str'>
```

在大部分关于数字的运算中，Python 会自动把整数类型的数据转换成实数类型，这是因为将整数变成实数并不会损失原来数字中的数据，比如把 1 变成 1.0。但是将一个实数转换成整数类型，原数据中的小数部分会被舍弃（不使用四舍五入）。例如：

```
>>> int(10.5)
10
```

甚至，在一些字符串中也会包含数字，为了获取字符串中的数字，也需要使用类型转换函数。例如：

```
>>> int("50")
50
>>> float("2.55")
2.55
```

2.2　变量与赋值语句

变量与赋值语句

如果只使用常量很快就会让人感到无聊，并且不能直观地看到程序的意图，我们需要一些能够存储任何信息并且也能操纵它们的方式，这种方式能够让程序更加容易理解。这种存储命名数据的方式便是**变量（Variables）**。正如其名字所述那般，变量的值是可以变化的，也就是说，可以用变量来存储任何东西。变量只是计算机内存中用以存储信息的一部分。与常量不同，需要通过一些方式来访问这些变量，因此，需要为它们命名，正如上文所述，为了让包含变量的程序更容易读懂，应该让变量的名称尽可能表达存储在其中的数据的功能和意义。

2.2.1　标识符命名

变量的名称是标识符的一个例子。**标识符（Identifiers）**是为程序中的某些内容提供的指定的名称。命名标识符需要遵守以下规则。

- 第一个字符必须是字母表中的字母（大写 ASCII 字符、小写 ASCII 字符或 Unicode 字符）或下画线（_）。
- 标识符的其他部分可以由字符（大写 ASCII 字符、小写 ASCII 字符或 Unicode 字符）、下画线（_）、数字（0~9）组成。
- 标识符名称要区分大小写。例如，myname 和 myName 并不等同。要注意前者是小写字母 n，后者是大写字母 N。
- 有效的标识符名称可以是 i 或 name_2_3，无效的标识符名称可能是 2things、this is spaced out、my-name 和>a1b2_c3。

2.2.2　对象

需要记住的是，Python 将程序中的任何内容统称为**对象（Object）**。这是一般意义上的说法。我们会说程序中的内容为"某某对象（Object）"，而不是"某某东西（Something）"。

2.2.3　赋值语句

为了将数据存放到变量中，需要使用赋值语句，赋值语句的作用是将一系列算式的值，存放到相应的一系列变量中。在赋值语句中，最重要的是赋值号=。例如，以下程序分别将不同类型的数据存储到不同的变量中。

```
>>>num1 = 100
>>>num2 = 2.50
>>>str1 = 'I love Python.'
```

有的时候，为了让赋值语句简单一些，会使用增量赋值的语法形式，例如，当希望在变量 num1 的原始数据上加上 100，然后保存到变量 num1 中，可以书写程序如下。

```
>>>num1 += 100
```

它表达的意思与下面的程序完全一致。

```
>>>num1 = num1 + 100
```

2.2.4 案例：使用变量与常量

输入并运行以下程序。

```
# 例 2.1 使用赋值号给变量赋值
i = 5
print(i)
i = i + 1
print(i)

s = '''This is a multi-line string.
This is the second line.'''
print(s)
```

输出：

```
5
6
This is a multi-line string.
This is the second line.
```

程序的工作原理为：首先，使用赋值运算符（=）将数值常量 5 赋值给变量 i。这一行也被称为声明语句（Statement），因为其工作正是声明一些在这一情况下应当完成的事情：将变量名 i 与值 5 用赋值号相连接，表示将数值 5 赋给了变量 i。然后，通过 print 语句来打印变量 i 存储的内容，这会将变量的值打印到屏幕上。

然后，将 1 加到 i 变量存储的值中，并将得出的结果重新存储进这一变量，然后将这一变量打印出来，并期望得到的值应为 6。

类似地，接下来的程序将文本常量赋值给变量 s，并将其打印出来。

2.3 运算符与表达式

编写的大多数语句都包含了表达式（Expressions）。一个表达式的简单例子是 2+3。表达式可以拆分成运算符（Operators）与操作数（Operands）。

运算符是进行某些操作，并且可以用诸如 + 等符号或特殊关键词加以表达的功能。运算符需要一些数据来进行操作，这些数据就被称作操作数。在上面的例子中，2 和 3 就是操作数。

2.3.1 运算符

接下来将简要介绍各类运算符及它们的用法。

为了更好地理解各类运算符的作用，强烈建议在 Python 的命令行解释器中输入以下范例中的表达式内容，并观察输出结果。例如，要想测试表达式 2+3，可

运算符

以在交互式 Python 解释器的提示符后输入如下代码。

```
>>> 2 + 3
5
>>> 3 * 5
15
>>>
```

下面是 Python 语言支持的运算符。

（1）+（加号）：两个对象相加。

例如，3 + 5 输出 8，'a' + 'b'输出'ab'。

（2）-（减号）

从一个数中减去另一个数，如果第一个操作数不存在，则假定为零。

例如，-5.2 将输出一个负数，50 - 24 输出 26。

（3）*（乘号）

给出两个数的乘积，或返回字符串重复指定次数后的结果。

例如，2 * 3 输出 6，'la' * 3 输出'lalala'。

（4）**（乘方，幂运算）

返回 x 的 y 次方。

例如，3 ** 4 输出 81（即 3 * 3 * 3 * 3）。

（5）/（除号，结果为实数）

x 除以 y

例如，13 / 3 输出 4.333333333333333。

（6）//（整除，结果为整数）

x 除以 y 并对结果向下取整至最接近的整数。

例如，13 // 3 输出 4，-13 // 3 输出-5。

（7）%（取模，求余数的运算）

%返回除法运算后的余数。

例如，13 % 3 输出 1，-25.5 % 2.25 输出 1.5。

（8）<<（按位左移）

<<将数字的位向左移动指定的位数（每个数字在内存中以二进制数表示，即 0 和 1）。

例如，2 << 2 输出 8，2 用二进制数表示为 10。向左移 2 位会得到 1000 这一结果，表示十进制中的 8。

（9）>>（按位右移）

>>将数字的位向右移动指定的位数。

例如，11 >> 1 输出 5。11 在二进制中表示为 1011，右移一位后输出 101 这一结果，表示十进制中的 5。

（10）&（按位与）

&对数字进行按位与操作。

例如，5 & 3 输出 1。按位与是针对二进制数的操作，是指比较两个二进制数的每一位，如果两个相应的二进位都为 1，则此位为 1，否则为 0。在本例中，5 的二进制表达为 101，3 的二进制表达为 11（为补全位数进行按位操作写作 011），则按位与操作后的结果为 001，对应的十进制数为 1。

（11）|（按位或）

|对数字进行按位或操作。

例如，5|3 输出 7。按位或是针对二进制数的操作，是指比较两个二进制数的每一位，如果两个相应的二进位有一个为 1，则此位为 1，否则为 0。在本例中，101 与 011 进行按位或操作后的结果为 111，对应的十进制数为 7。

（12）^（按位异或）

^对数字进行按位异或操作。

例如，5 ^ 3 输出 6。按位异或是针对二进制数的操作，是指比较两个二进制数的每一位，如果两个相应的二进位不同，则此位为 1，相同为 0。在本例中，101 与 011 进行按位异或操作的结果为 110，对应的十进制数为 6。

（13）~（按位取反）

~表示 x 的按位取反结果为-(x+1)。

例如，~5 输出-6。按位取反也称作"按位取非""求非"或"取反"，沈洁元译本译作"按位翻转"，是针对二进制数的操作，是指对两个二进制数的每一二进位都进行取反操作，0 换成 1，1 换成 0。受篇幅与学识所限，本例具体原理不在此处赘述，读者只需按照给出的公式记忆即可。

（14）<（小于）

<返回 x 是否小于 y。所有比较运算符的返回结果均为 True 或 False。请注意这些名称中的大写字母。

例如，5 < 3 输出 False，3 < 6 输出 True。

比较可以任意组成链接，例如，3 < 5 < 7 返回 True。

（15）>（大于）

>返回 x 是否大于 y。

例如，5 > 3 返回 True。如果两个操作数均为数字，它们首先将会被转换至一种共同的类型，否则它将总是返回 False。

（16）<=（小于等于）

<=返回 x 是否小于或等于 y。

例如，x = 3; y = 6; x<=y 返回 True。

（17）>=（大于等于）

>=返回 x 是否大于或等于 y。

例如，x = 4; y = 3; x>=3 返回 True。

（18）==（等于）

==比较两个对象是否相等。例如：

x = 2; y = 2; x == y 返回 True。

x = 'str'; y = 'stR'; x == y 返回 False。

x = 'str'; y = 'str'; x == y 返回 True。

（19）!=（不等于）

!=比较两个对象是否不相等。

x = 2; y = 3; x != y 返回 True。

（20）not（逻辑 "非"）

not 表示如果 x 是 Ture，则返回 False；如果 x 是 False，则返回 True。

例如，x = Ture; not x 返回 False。

（21）and（逻辑 "与"）

and 表示如果 x 是 False，则 x and y 返回 False，否则返回 y 的计算值。

例如，当 x 是 False 时，x = False; y = True; x and y 将返回 False。在这一情境中，Python 将不会计算 y，因为它已经了解 and 表达式的左侧是 False，这意味着整个表达式都将是 False 而不会是别的值。这种情况称作**短路计算**（**Short-circuit Evaluation**）。

（22）or（逻辑 "或"）

or 表示如果 x 是 True，则返回 True，否则返回 y 的计算值。

例如，x = Ture; y = False; x or y 将返回 Ture。在这里短路计算同样适用。

2.3.2　运算符的优先级

如果有一个诸如 2 + 3 * 4 的表达式，是优先完成加法运算还是优先完成乘法运算呢？基础数学知识会告诉我们应该先完成乘法运算。这意味着乘法运算符的优先级要高于加法运算符。

下面给出 Python 中从最低优先级到最高优先级的优先级列表。这意味着，在给定的表达式中，Python 将优先计算列表中位置靠后的那些优先级较高的运算符与表达式。

为了保持完整，本书从 Python 参考手册中引用了表 2-2 中的内容。在日常工作中，强烈建议使用圆括号操作符来对运算符与操作数进行分组，以更加明确地指定优先级，这也能使程序更加可读。

表 2-2　　　　　　　　　　　　运算的优先级（从低到高排序）

操作符	操作符描述
lambda	Lambda 表达式
if … else	条件表达式
or	逻辑或运算
and	逻辑与运算
not x	逻辑非运算
in、not in、is、is not、<、<=、>、>=、!=、==	比较运算，包括成员资格测试（Membership Tests）和身份测试（Identity Tests）
|	二进位的按位或运算
^	二进位的按位异或运算
&	二进位的按位与运算
<<、>>	二进位的移位运算
+、-	加减运算
*、@、/、//、%	乘、矩阵乘法、除、整除、取余

续表

操作符	操作符描述
+x、-x、~x	正、负、按位取反
**	幂运算
await x	等待运算
x[index]、x[index:index]、x(arguments...)、x.attribute	下标、切片、调用、属性引用
(expressions...)、[expressions...]、{key: value...}、{expressions...}	显示绑定或元组、显示列表、显示字典、显示集合

到目前为止，表 2-2 中还没有遇到的运算符将会在后面的章节中解释。

在表 2-2 中位列同一行的运算符具有相同优先级。例如，+和-具有相同的优先级。

2.3.3 改变运算顺序

为了使表达式更加易读，可以使用括号。例如，2 + (3 * 4)要比 2 + 3 * 4 更加容易理解，因为后者还要求了解运算符的优先级。当然使用括号同样也要适度（而不要过度），同时亦应不要像(2 + (3 * 4))这般冗余。

使用括号还有一个额外的优点——它能帮助我们改变运算的顺序。例如，如果希望在表达式中计算乘法之前先计算加法，那么可以将表达式写作(2 + 3) * 4。

2.3.4 表达式

表达式（**Expressions**）简单来说就是一个算式，它将常量、运算符、括号、变量等以能求得结果的有意义内容组合一起，可以用以下程序来理解表达式的作用。

```
# 例 2.2 利用表达式求解算式的结果
length = 5
breadth = 2
area = length * breadth
print('Area is', area)
print('Perimeter is', 2 * (length + breadth))
```

输出：

```
Area is 10
Perimeter is 14
```

矩形的长度（Length）与宽度（Breadth）存储在以各自名称命名的变量中。在程序中可以使用它们并借助表达式来计算矩形的面积（Area）与周长（Perimeter）。接着，将表达式 length * breadth 的结果存储在变量 area 中并将其通过使用 print 函数打印出来。在程序的最后一条语句中，程序直接在 print 函数中使用了表达式 2 * (length + breadth)的值。

同时，需要注意到 Python 是如何漂亮地打印出输出结果的。尽管我们没有特别地在 Area is 和变量 area 之间指定空格，但 Python 会自动补充，因此程序运行后就能得到整洁的输出结果，同时程序也因为这样的处理方式而变得更加易读。这便是 Python 让程序员的工作变得更加便捷美好的一个范例。

2.3.5 eval()函数

如果将一个表达式放在了一串字符中，例如：

```
>>>exp="100/2*3"
```

那么如何才能让 Python 求出这个字符串中的表达式的值呢？这里推荐一个非常神奇的函数——eval()函数，它的功能就是计算一串字符串中的合法 Python 表达式的值，比如在上述语句之后，继续输入以下语句。

```
>>>eval(exp)
```

执行上述程序后，将会在屏幕上得到这串字符中算式的值，即：

```
150.0
```

2.4 输入与输出

输入与输出

有些时候程序会与用户交互。例如，希望获取用户的输入内容，并向用户打印出返回的结果。可以分别通过 input()函数与 print()函数来实现这一需求。

2.4.1 input()函数

在程序的执行过程中向程序输入数据的过程称为输入操作，在 Python 中使用 input()函数来实现该功能。例如，编写一个程序让计算机能够记住用户的名字，就会用 input()函数提示用户输入他的名字，并把用户的输入存放在变量中，程序如下。

```
name=input("请输入您的名字：")
```

上述代码的作用是提示用户从键盘上输入自己的姓名，input()函数后面括号中的内容是留给用户的提示信息，它是一个字符串，所以请用双引号把它括起来，在执行 input()函数时，提示信息将会打印在屏幕上，然后程序将会暂停，等待用户的输入，直到用户输入了自己的名字并按下回车键，程序才会继续运行，input()函数会获得用户的输入并将其通过赋值号存放到变量 name 中。

需要提醒的是，使用 input()函数获得的数据一律都是以字符串类型存放的，哪怕用户输入的是一个数字，这个数字也是以字符串的形式存放在计算机中。例如，输入以下程序代码。

```
# 例 2.3 从键盘上接收用户输入，并进行计算
num=input("请输入一个数字：")
x=100+float(num)
print(x)
```

这个程序的功能是获取用户从键盘上输入的数字，然后加上 100。当程序运行到 input()函数时，暂停下来，并提示用户输入一个数字，输入完毕后，程序继续运行，并在下一行中使用 float()函数将用户输入的一个数字从字符串类型转换成实数类型，然后和 100 相加。读者可以试着把 float 函数去掉，并运行程序，观察 Python 的报错信息。

2.4.2 print()函数

与输入的功能相似，将程序中的数据输出到屏幕或者是打印机上的工作，称为输出，在 Python 中，可以使用 print()函数来完成向屏幕输出的功能。如果想将 2.4.1 节中获取的关于姓名的信息打印在屏幕上，可以使用如下语句。

```
>>>print("你好！"+name)
```

这段代码的作用是将字符串"你好"和变量 name 中的内容连接在一起，然后通过 print()函数将

连接后的字符串输出到屏幕上。

还可以在使用 print() 函数时指定输出对象间的分隔符、结束标志符和输出文件。如果缺省这些参数，则分隔符是空格，结束标志符是换行符，输出目标是显示器。如果要加入自定义的分隔符和结束标志，则可以使用如下格式。

```
>>> print(1,2,3,sep="***",end='\n')
1***2***3
```

2.4.3 格式化字符串

格式化字符串

在处理各种数据的过程中，经常会把一系列的数据组合到一个包含各种信息的字符串中，此时，需要使用 format，format 不仅可以将各类型数据组合到字符串中，还可以对数据进行格式化。

将以下内容保存为 str_format.py 文件，并运行程序观察运行结果。

```
# 例 2.4 利用 format 进行字符串的格式化操作
age = 20
name = 'Swaroop'
print('{0} was {1} years old when he wrote this book'.format(name, age))
print('Why is {0} playing with that python?'.format(name))
```

输出：

```
Swaroop was 20 years old when he wrote this book
Why is Swaroop playing with that python?
```

可以指定一个字符串使用某些特定的格式（Specification），在调用 format 方法的过程中，将使用预先定义的格式来修改数据输出时的样式。

请注意在 Python 中使用序号 0 表示第一个参数，这意味着索引中的第一位是 0，第二位是 1，依此类推，所以，此处{0}对应的是变量 name，它是该格式化方法中的第一个参数。与之类似，第二个格式{1}对应的是变量 age，它是格式化方法中的第二个参数。

虽然，也可以通过字符串的连接运算来达到相同的效果。

```
name + 'is' +str(age) + 'years old'
```

但这种实现方式看起来并不简单，而且非常容易出错。其次，我们更希望将其他数据类型转换至字符串的工作由 format 方法自动完成，而不是如这般需要使用特定的函数明确转换至字符串。再次，当使用 format 方法时，可以直接改动文字而不必与变量打交道。

同时该表示参数序号的数字只是一个可选选项，所以同样可以写成以下形式。

```
# 例 2.5 格式字符串中的参数序号可以省略
age = 20
name = 'Swaroop'
print('{} was {} years old when he wrote this book'.format(name, age))
print('Why is {} playing with that python?'.format(name))
```

这样做同样能得到与前面程序相同的输出结果。

python 中 format 方法所做的事情便是将每个参数值替换至格式所在的位置。这其中可以有更详细的格式。例如：

```
# 例 2.6 常见的格式化字符串用法举例
# 对于浮点数 '0.333' 保留小数点(.)后三位
print('{0:.3f}'.format(1.0/3))
```

```
# 定义'hello'字符串长度为 11，使用下画线填充文本，并保持文字处于中间位置
print('{0:_^11}'.format('hello'))
# 基于关键词输出 'Swaroop wrote A Byte of Python'
print('{name} wrote {book}'.format(name='Swaroop', book='A Byte of Python'))
```

输出：

```
0.333
___hello___
Swaroop wrote A Byte of Python
```

由于正在讨论格式问题，所以会发现 print 总是会以一个不可见的"换行"字符（\n）结尾，因此重复调用 print 将会在相互独立的一行中分别打印。如果不希望输出的字符串以默认的换行方式结尾，可以指定参数 end 的内容为输出的字符串加上其他结尾字符。例如：

```
print('a', end='')
print('b', end='')
```

输出结果如下。

```
ab
```

或者通过 end 指定以空格结尾。

```
print('a', end=' ')
print('b', end=' ')
print('c')
```

输出结果如下。

```
a b c
```

2.4.4 续行符

当编写的程序越来越复杂时，有时可能会在一行中输入一条很长的语句，为了保证程序的美观和易读，可以使用**续行符** \ 将这条很长的语句分别摆放在连续的多行中。例如：

```
>>>print("我是一个程序员，\
我刚开始学习 Python")
```

Python 在运行这两条语句时，会把它们连接在一起当作一条完整的语句来执行，效果如下。

```
我是一个程序员，我刚开始学习 Python
```

2.5 注释

注释

在 Python 语言中，**注释**是任何存在于#号右侧的文字，其主要用于说明有关程序的一切有用的信息。例如：

```
print('hello world')        #注意到 print 是一个函数
```

或者：

```
# 注意到 print 是一个函数
print('hello world')
```

应该在程序中尽可能多地使用有用的注释，它们将发挥以下重要的作用。

- 解释假设。
- 说明重要的决定。
- 解释重要的细节。

- 说明想要解决的问题。
- 说明想要在程序中克服的问题。

有一句非常有用的话叫作：**代码会告诉你怎么做，注释会告诉你为何如此。**

注释在程序还有一个非常有用的作用，就是保留那些不需要执行的代码内容。对于一些暂时不需要执行的代码，可以先不删除它们，而只需要在它们前方加上#即可，只有确信永远都不需要这些代码时，才使用删除按钮将它们从代码中删除。

2.6 本章小结

通过本章的学习，我们掌握了在 Python 中进行计算的重要元素，包括数据类型、变量和常量的概念以及使用运算符、操作数与表达式的相关知识。

计算机解决的问题都来自于现实世界，为了将现实问题中形形色色的数据保存在计算机中，必须将这些数据分类，并使用不同的方式进行存储和加工，在 Python 语言中，最常见的数据类型包括整数、实数、逻辑值和字符串，它们有各不相同的处理方法。

在操作数据的过程中，会有常量和变量之分，常量就是其内容保持恒久不变的数据，变量就是其内容会随着程序的执行发生变化的数据，因为变量的内容会不断发生改变，所以通常会使用标识符来表示一个变量的名称，并且尽量让标识符表示变量中数据的意义。

为了对程序中的数据进行运算，可以使用运算符将这些数据连接起来构成各种各样的表达式，表达式就是一个算式，它将常量、运算符、括号、变量等以能求得结果的有意义内容组合一起，通过表达式完成运算，便可以求解各类问题。

为了更好地与使用程序的用户交流，程序必须具备输入和输出的能力，所谓输入，就是让用户通过输入设备（如键盘和鼠标）在程序执行中给定一些用于计算的数据，这些输入数据可以在程序中通过 input 函数接收。输出就是将计算后得到的结果显示在输出设备（如显示器）上，一般通过 print 函数完成此功能，为了将输入的内容更好地展示给用户，程序还会将输出结果通过 format 函数进行格式化操作，让输出的内容更符合人们的阅读习惯。

另外，注释也是组成计算机程序的重要组成部分，注释的主要作用是在程序中添加一些不参与执行的文字内容，这些文字内容会解释或说明程序中的代码，让计算机程序更具可读性，从而方便程序员日后进一步维护和完善程序。

2.7 课后习题

扫码在线做习题

一、单选题

1. 以下合法的用户自定义标识符是_____。

    A. a*b   B. break   C. 1a2b   D. _kill23

2. Python 语言中的标识符只能由字母、数字和下画线三种字符组成，且第一个字符_____。

    A. 必须为字母   B. 必须为下画线

    C. 必须为字母或下画线   D. 可以是字母、数字和下画线中的任一种字符

3. 下列代码的输出结果为_____。

```
>>>'{:.4e}'.format(234.56789)
```

    A. '2.3456e+02'   B. '234.5679'   C. '2.3457e+02'   D. '2.345e+02'

4. 执行下列程序段，输出的结果是_____。

```
x = 7.0
y = 5
print(x % y)
```

    A. 2.0   B. 2   C. 1   D. 1.0

5. 若程序只有以下两行代码，则程序的执行结果为_____。

```
x = a+ 10
print(x)
```

    A. 1   B. 2

    C. 输出一个随机值   D. 程序出错

6. 下列语句的输出结果是_____。

```
>>>12 and 45
```

    A. 12   B. 45   C. Ture   D. False

7. 下列语句的执行结果是_____。

```
>>>'hello' - 'world'
```

    A. Helloworld   B. hello world   C. 52473   D. 程序出错

8. 下列程序段的执行结果是_____。

```
x = 1
print(type(x))
x = 1.0
print(type(x))
x = '1.0'
print(type(x))
```

    A. <class 'int'>   <class 'float'>   <class 'str'>

    B. <class 'int'>   <class 'int'>   <class 'int'>

    C. <class 'str'>   <class 'str'>   <class 'str'>

    D. <class 'float'>   <class 'float'>   <class 'float'>

9. 下列语句的执行结果是_____。

```
>>>False + 5.0
```

    A. 5   B. 5.0   C. 6   D. 6.0

10. 执行下列程序段，输入数值 10，输出的结果是_____。

```
x = input()
y = x+ 5
print(y)
```

    A. 15   B. '105'   C. 程序出错   D. 105

11. 下列语句中，_____是不正确的 Python 语句。

    A. "I can add integers, like " + str(5) + " to strings."

    B. "I said " + ("Hey " * 2) + "Hey!"

C. "The correct answer to this multiple choice exercise is answer number " + 2

D. True + False

二、填空题

1. 下列语句的输出结果是_____。

```
>>>int(10.88)
```

2. 下列语句的输出结果是_____。

```
>>>'abc' * 3
```

3. 数字运算符有 9 个，当一个表达式有多个数字运算符时，可能会改变数字类型，三种数字类型之间存在逐渐扩展的关系，具体为_____。

4. 假设 x=3，则 x*=3+5**2 的运算结果是_____。

三、编程题

1. 假设你有 100 元，现在有一个投资渠道，可以每年获得 10%的利息，如此，一年以后将拥有 100×1.1=110 元，两年以后将拥有 100×1.1×1.1=121 元。请编写程序，计算 7 年以后，将拥有多少钱？

输出样例：

```
After 7 years, you will have 194.87171000000012
```

2. 编写程序，完成下列题目：从键盘上输入两个数 x，y，求 x，y 之和并将其赋值给 s，最后输出 s。

输入样例：

```
3
4.5
```

输出样例：

```
7.5
```

03

第3章　神奇的小海龟（Turtle）

本章电子课件

学习目标

- 掌握使用 Turtle 函数库绘制图形的方法。
- 理解程序的执行过程。
- 理解循环结构在程序执行过程中的作用。
- 理解函数在程序设计过程中的作用。

在使用 Python 进行程序设计的过程中，会用到大量已经设计好的工具，如本章将要介绍的 Turtle 函数库。Turtle 函数库提供了一系列关于绘图的函数功能，通过学习使用 Turtle 函数库绘制图形，我们还将了解程序执行的基本过程，以及进行程序设计的基础知识，如程序的 3 种基本结构和程序中函数的作用。

3.1　第一个海龟程序

第一个海龟程序

打开 Python 程序的开发工具，并新建一个程序文件，文件中包含以下内容。

```
# 例 3.1 引入 Turtle 库，在屏幕上绘制一条线段
import turtle
turtle.forward(200)
turtle.done()
```

运行这个程序，会看到 Python 在屏幕上打开了一个新的绘图窗口，并在窗口中创建了一个三角形的“海龟”，之后海龟向前移动了一段距离，停了下来，如图 3-1 所示，绘画结束。

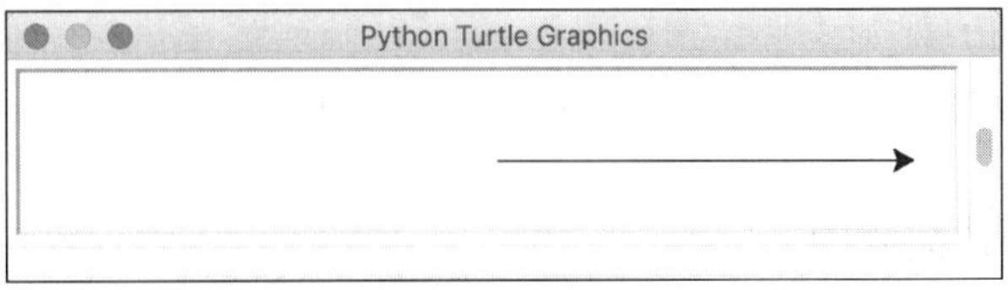

图 3-1　第一个简单的海龟程序

在这个程序中，我们看到了一个绘图程序的 3 个基本步骤：首先，为了使用 Turtle 函数库的功能，需要使用 import 语句将该函数库导入目前的程序中；其次，在导入相应的函数库之后，可以使用该函数库提供的各类函数进行相应的绘图操作，比如例 3.1 中的程序使用小海龟绘制一条直线；最后，还要记得使用以下的语句结束程序当前的绘制工作。

```
turtle.done()
```

3.2 绘制正多边形

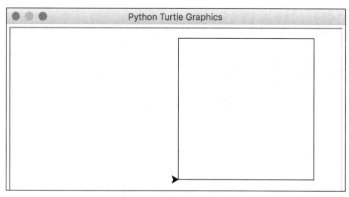

重复、重复、再重复

3.2.1 重复、重复、再重复

通过前面的例子我们可以发现，这只神奇的小海龟会在自己经过的地方留下一条黑色的痕迹，控制小海龟的移动便可以在屏幕上绘制各种图形。例如，以下程序在屏幕上绘制一个正四边形，也就是正方形。

```
# 例 3.2 通过不断地绘制线段和左转 90 度来绘制一个正方形
import turtle
turtle.forward(200)
turtle.left(90)
turtle.forward(200)
turtle.left(90)
turtle.forward(200)
turtle.left(90)
turtle.forward(200)
turtle.left(90)
turtle.done()
```

在这段程序中，我们看到了一条新的语句 turtle.left(90)，这句话的作用是让小海龟沿着当前的方向左转 90°，通过将向前和左转重复执行 4 次，便可以在屏幕上绘制一个正四边形，如图 3-2 所示。

图 3-2 使用海龟绘制正方形

3.2.2 使用循环化简程序

虽然上述程序正确完成了绘制正方形的任务，可是这样的代码显然不是我们想要的代码，因为程序中包含了完全相同的重复部分，即：

```
turtle.forward(200)
turtle.left(90)
```

为了反复执行程序中连续的重复内容，必须使用一种新的程序执行方式——**循环（Loop）**。循环就是让一段同样的代码反复执行的机制，为了控制循环的执行次数，往往需要使用一个循环变量来协助完成循环的执行，比如下面的程序。

```
# 例 3.3 通过引入循环机制，减少重复代码出现的次数
import turtle
for i in range(4):
    turtle.forward(200)
    turtle.left(90)
turtle.done()
```

在这段程序中，将需要重复的代码向右缩进了 4 个空格，同时在这段代码前面加入了引领循环的 for 语句，整个 for 语句的作用是让循环变量 i 的值取遍 4 以内的所有非负整数，即 0、1、2、3，关于循环变量的内容，在后面的章节中还要深入介绍，此处希望大家把这个格式记下来，只要能够通过这个格式创建属于自己的循环结构，就可以了。

3.2.3　最重要的格式控制——缩进

这里提出了一个非常重要的概念——**缩进（Indentation）**，这是 Python 中非常重要的格式标记，因为缩进代表了程序段落之间的关系。例如，在上述程序中，因为 for 语句后的两条语句向右缩进了，所以它们表示这两条语句是循环真正需要执行的代码，即循环体，不管循环执行多少次，每一次执行的内容都将是这两条语句。而使用 Python 语言书写的代码也正是因为使用缩进来表达每一条语句之间的所属关系，所以不仅格式上看起来非常优美，还具备了良好的可读性。

3.3　绘制美丽的五角星

3.3.1　向左转，向右转

前面我们学习了绘制正方形，下面继续学习如何绘制五角星形，因为已经学习过 turtle.left()函数，所以很自然地会想到如果需要小海龟沿着当前的方向向右转，一定是使用 turtle.right()函数，所以，计算完需要的角度，便可以得到如下程序。

```
# 例 3.4 通过循环机制，以尽可能少的代码绘制五角星形
import turtle
for i in range(5):
    turtle.forward(100)
    turtle.left(72)
    turtle.forward(100)
    turtle.right(144)
turtle.done()
```

观察这次的程序：首先，循环的次数从 4 变成了 5，因为需要连续重复执行的内容是在屏幕上绘制 5 个相同的尖角；其次，每一次的循环内容都是从海龟的当前位置出发，先绘制一条短边，然后向右转 144°，再绘制另外一条短边，这样就构成了五角星的一个尖角；在循环体的最后，还要继续向左转 72°，为绘制下一个尖角做好准备。程序运行效果如图 3-3 所示。

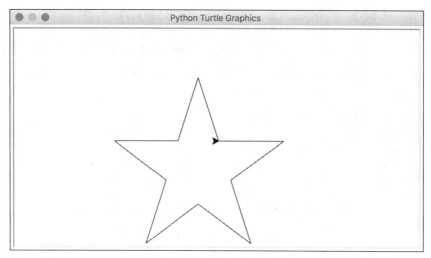

图 3-3　使用海龟绘制五角星

3.3.2　为五角星上色

为了让这颗五角星更加靓丽，需要给它填充颜色。Turtle 函数库中的 pencolor 函数便是实现这一功能的利器，将程序改成如下的版本。

```
# 例 3.5通过 pencolor 函数为笔触设置颜色
import turtle
turtle.color("red")
for i in range(5):
    turtle.forward(100)
    turtle.right(144)
    turtle.forward(100)
    turtle.left(72)
turtle.done()
```

color 函数中的参数可以是一个代表不同颜色的英文单词，也可以是 3 个分别表示红色、绿色、蓝色的数值（该数值必须在十六进制数 00～FF）。例如，("#FF0000")表示海龟会留下红色的痕迹，("#0000FF")则表示海龟会留下蓝色的痕迹。

虽然 color 函数可以将海龟留下的痕迹变成红色，可是依然不能满足我们的要求，我们需要的是将五角星整个都涂成红色，为了实现填充红色的功能需求，需要在程序中使用 begin_fill()函数和end_fill()函数，改编过的程序如下。

```
# 例 3.6使用 begin_fill 和 end_fill 函数，为五角星填充颜色
import turtle
turtle.color("yellow")
turtle.begin_fill()
for i in range(5):
    turtle.forward(100)
    turtle.right(144)
    turtle.forward(100)
    turtle.left(72)
turtle.end_fill()
turtle.done()
```

运行上述程序，可以在屏幕上看到海龟绘制了一颗黄色的五角星，如图 3-4 所示。可以看到小海

龟将绘制的五角星填充上红色，这里需要特别注意的是，trutle.end_fill 前面是没有缩进的，因为这条语句并不是循环体的一部分。begin_fill()函数和 end_fill()函数其实是记录下海龟的位置，从而构成一个封闭的区域，并将该区域使用指定的颜色填充。

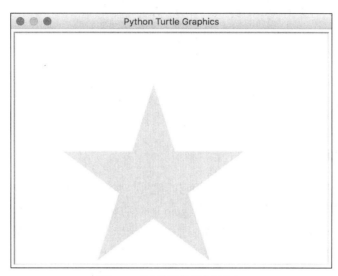

图 3-4　使用海龟为五角星上色

如果希望把这颗闪亮的星星挂在夜幕之中，可以在程序的开始加上如下一句代码。

```
turtle.bgcolor("black")
```

3.4　大星星和小星星

如果觉得屏幕上的星星不够多，是不是希望再画几颗？很好，接下来就介绍如何不断地在屏幕上绘制星星。

3.4.1　函数的定义与调用

函数的定义与调用

在设计程序的过程中，我们经常会希望将一段代码预先保存起来，在需要时再把它拿出来执行，这种预先定义一段代码的机制，称为**函数（Function）**。为了能够在需要的时候把指定的程序代码拿出来执行，需要给这段代码起一个名字，这个名字就叫作**函数名**。

接下来以定义绘制星星的代码来演示如何定义一个函数。

```
# 例 3.7通过函数机制，为可能重复使用的代码命名
import turtle
#以下就是定义绘制星星的函数的程序实现
def drawstar():
    turtle.begin_fill()
    for i in range(5):
        turtle.forward(100)
        turtle.right(144)
        turtle.forward(100)
        turtle.left(72)
```

```
        turtle.end_fill()
#接下来的程序将会调用上面定义的函数绘制星星
turtle.bgcolor("black")
turtle.color("yellow")
drawstar()              #这里就是函数的调用语句，不要忘记圆括号
turtle.done()
```

上述代码中以 def 开始的代码即为定义函数的语句，从该行开始缩进的程序内容即为函数的函数体，也就是当该函数被调用时执行的内容。一个函数定义完毕后，并不会自动执行，只有在程序中被调用时才会执行，因为在上面的程序中，调用了一次 drawstar() 函数，所以只会在屏幕上绘制一颗星星，如果要在屏幕上绘制更多的星星，则需要使用 goto 语句。

3.4.2　去吧，小海龟

为了让小海龟能在屏幕的不同位置绘制相同的星星，需要在调用 drawstar() 函数之前移动小海龟的位置到指定的地点，这里需要使用小海龟的 goto 函数功能，借用数学中平面坐标系的相关知识，小海龟出生的位置，也就是屏幕的中央为坐标原点，即坐标为（0，0）的位置，通过设置 goto 语句的参数，便可以将小海龟移动到指定的位置来绘制图形，具体的程序如下。

```
# 例 3.8 通过 goto 语句指定海龟位置，从而在屏幕上绘制更多的五角星
import turtle
#以下就是定义绘制星星的函数的程序实现
def drawstar():
    turtle.begin_fill()
    for i in range(5):
        turtle.forward(50)
        turtle.right(144)
        turtle.forward(50)
        turtle.left(72)
    turtle.end_fill()
#接下来的程序将会调用上面定义的函数来绘制星星
turtle.bgcolor("black")
turtle.color("yellow")
turtle.up()                 #移动之前，先"提笔"
turtle.goto(-100,100)       #移动海龟至指定的位置
turtle.down()               #移动完毕，再"落笔"
drawstar()                  #调用函数绘制星星
turtle.up()
turtle.goto(100,100)
turtle.down()
drawstar()
turtle.done()
```

上述的程序中还包含了另外两条关于小海龟的函数功能：down() 和 up()。因为在移动到新位置的过程中不希望小海龟留下移动的痕迹，所以希望小海龟能离开屏幕，即完成一个"提笔"的动作，这个动作用 up() 函数实现，当移动到指定的位置后，再完成一个"落笔"的动作，这个动作用 down() 函数实现，此时小海龟便可以继续在屏幕上留下痕迹绘制图形了。程序运行的结果如图 3-5 所示。

图 3-5　使用海龟在不同的位置绘图

3.4.3　函数的参数

函数的参数

你一定发现了其实绘制星星前的准备工作也有很多相似之处，如果可以把这些相似的代码也写入函数的定义岂不是更好？可问题是，如何将不同的位置信息放在函数里呢？

这里将会介绍一种向函数传递**参数（Parameters）**的方法，在定义函数的过程中，可以预先使用一组变量(x,y)来代表需要让海龟移动到的坐标信息，然后在函数调用时再传递一个确切的坐标信息。在函数定义中代表参数的变量称为**形式参数**，在函数定义的过程中，它们并没有确切的值，而在函数调用中传递给函数的参数则称为**实际参数**。

将刚才的代码改为使用参数实现的版本。

```python
# 例 3.9通过函数的参数，实现不同的函数调用效果
import turtle
#以下就是定义绘制星星的函数的程序实现，加入了形式参数 x,y
def drawstar(x,y):
    turtle.up()
    turtle.goto(x,y)                #此处将参数的值代入，移动海龟到指定的位置
    turtle.down()
    turtle.begin_fill()
    for i in range(5):
        turtle.forward(50)
        turtle.right(144)
        turtle.forward(50)
        turtle.left(72)
    turtle.end_fill()
#接下来的程序将会调用上面定义的函数来绘制星星
turtle.bgcolor("black")
turtle.color("yellow")
drawstar(-100,100)                  #在调用过程中，将指定的坐标作为实际参数，传递给函数
drawstar(100,100)
turtle.done()
```

看到了吗？借助函数参数传递机制，程序变得更加简洁了。在函数被调用的过程中，Python 将实际参数的具体内容传递给了函数定义处的形式参数，并带着这些数据将函数体中的代码执行了一遍，通过这样的机制可以大大降低代码的重复性，增强程序的可读性。

函数参数的类型可以是各种数据类型，并没有严格的限定，例如，需要将星星的颜色也作为参

数来设置，可将上述代码中函数的定义修改如下。

```
# 例 3.10 函数的参数可以是各种类型的数据
def drawstar(x,y,c):
    turtle.color(c)                     #将参数 c 中获得的字符串作为颜色传递给小海龟
    turtle.up()
    turtle.goto(x,y)
    turtle.down()
    turtle.begin_fill()
    for i in range(5):
        turtle.forward(50)
        turtle.right(144)
        turtle.forward(50)
        turtle.left(72)
    turtle.end_fill()
```

为了能够正确调用上面定义的函数，需要使用下面的语句调用函数。

```
drawstar(-100,100,"yellow")         #在坐标(-100,100)的位置，绘制一颗黄色的星星
drawstar(100,100,"red")             #在坐标(100,100)的位置，绘制一颗红色的星星
```

3.5 更多关于海龟的函数

除了上面介绍的各类函数，海龟常用的函数如表 3-1 所示。

表 3-1　　　　　　　　　　　小海龟的常见功能函数

操作符	操作符描述
forward(distance)、fd(distance)	沿着海龟当前的方向前进一段距离
back(distance)、bk(distance)、backward(distance)	沿着海龟当前的方向后退一段距离
right(angle)、rt(angle)	沿着海龟当前的方向向右转一个角度
left(angle)、lt(angle)	沿着海龟当前的方向向左转一个角度
goto(x, y=None)、setpos(x, y=None)	将海龟移动到指定的位置
setheading(to_angle)、seth(to_angle)	将海龟的朝向调整到某个角度，0° 向上，180° 向下
home()	将海龟移动到原点，并将朝向设置为右方
circle(radius, extent=None, steps=None)	让海龟绘制一个圆形，radius 是圆的半径，它的正负决定了海龟前进的方向，extent 是一个角度，用来画弧
dot(size=None, *color)	使用指定的尺寸和颜色在海龟当前位置画圆点
undo()	撤销海龟的上一步操作
speed(speed=None)	设定海龟的移动速度，1 最慢，10 最快，0 表示无动画
position()、pos()	获得海龟的当前位置
heading()	获得海龟的当前朝向
distance(x, y=None)	获得海龟当前位置到指定坐标的距离
pendown()、pd()、down()	让海龟落下，即"落笔"
penup()、pu()、up()	让海龟离开屏幕，即"提笔"
isdown()	获得海龟是否在屏幕上，即移动之后是否会留下痕迹
begin_fill()	从海龟当前的位置开始设置填充区域
end_fill()	从海龟当前的位置结束填充区域，完成填色

续表

操作符	操作符描述
color(*args)	设置海龟的颜色，当设置 2 个参数时，第一个为移动后轨迹的颜色，第二个为填充色
reset()、clear()	清除屏幕上海龟绘制的所有内容，reset 函数执行后会将海龟恢复到初始状态
hideturtle()、ht()	绘制过程中隐藏海龟的图标
showturtle()、st()	绘制过程中显示海龟的图标
write(arg)	在海龟当前的位置书写文字内容

表 3-1 只是给出了小海龟常用的一些函数方法，如果读者有兴趣，可以打开阅读官方文档，使用更多的函数绘制图形。

3.6　本章小结

通过本章的学习，我们掌握了使用 Python 自带的 Turtle 函数库在屏幕上绘制图形的方法以及循环结构、函数的定义和调用的相关知识。

Turtle 函数库是 Python 内置的一个图形绘制功能非常强大的函数库，可以使用一系列的函数来设置小海龟的运行参数，并控制小海龟在屏幕上的各种运动，通过这些复杂而有趣的运动，小海龟会在屏幕上留下五颜六色的各种形状。

在编写这些绘制图形的代码中，本章还介绍了程序的执行过程，以及一种新的程序结构——循环结构。循环是一种降低代码重复性的有效方法，只要循环条件满足，循环体中的程序代码就会一直执行下去，这样做的好处是使得程序中不出现大量的重复代码，提高程序的可读性。

同时，为了在程序的不同位置反复使用重复代码，本章还介绍了另一种编程机制——函数。通过函数可以命名特定功能的代码，通过调用指定名称的函数来执行对应的代码。这种将一个完整的程序分散成一个个函数来编程的方式，被称为模块化的程序设计，这样做的好处是把复杂问题拆解成一个个更容易实现的简单问题来完成，降低了代码的实现难度，提高了代码的可维护性。

对于这两种编程方法，在后续的章节中还将深入讨论。

3.7　课后习题

扫码在线做习题

一、单选题

1. 通过使用 turtle.speed()为小海龟设置爬行的速度，当跳过小海龟的移动过程，直接得到程序绘制的图形时，speed()参数的值是＿＿＿＿＿＿。

    A. 0 　　　　　　　B. 1 　　　　　　　C. 5 　　　　　　　D. 10

2. 下列哪个函数是用来控制画笔的尺寸的？＿＿＿＿＿＿

    A. penup() 　　　　B. pencolor() 　　　C. pensize() 　　　D. pendown()

3. 下列程序段的输出结果是＿＿＿＿＿＿。

```
x = 0
def fun(y):
```

```
        y = 1
fun(x)
print(x)
```

    A. 3   B. 2   C. 1   D. 0

4. 下列程序的输出结果是_____。

```
x = 1
def fun(x):
        global x
        x = 2
fun(x)
print(x)
```

    A. 0   B. 1   C. 2   D. 3

5. 定义如下的函数，下面哪种函数调用会出错？_____

```
def defP(a1,a2=2,a3=3):
     print(a1,a2,a3)
```

    A. defP(a2=10,a3=10)   B. defP(10,a3=10)

    C. defP(a3=10,a1=10)   D. defP(10)

6. 下列程序的输出结果是_____。

```
x = 10
y = 20
def swap(x, y):
    t = x
    x = y
    y = t
    print(x, y)
swap(x,y)
print(x,y)
```

    A. 10 20   B. 20 10   C. 10 20   D. 20 10

       10 20   10 20   20 10   20 10

7. 下列程序的输出结果是_____。

```
def foot():
    m = 10
    def bar():
        n = 20
        return m + n
    m = bar()
    print(m)
foot()
```

    A. 程序出错   B. 30   C. 20   D. 10

8. 当想为一个闭合的圆填充红色时，会使用语句 turtle.begin_fill()和 turtle.end_fill()，但是忘记使用 turtle.end_fill()时，会出现什么现象？_____

    A. 圆里无红色填充   B. 一个红色的圆

    C. 画布是红色   D. 程序出错

二、填空题

1. 下列程序的输出结果是_____。

```
sum = 0
def sum(i1, i2):
```

```
        result = 0
        for i in range(i1, i2 + 1):
              result += i
        return result
print(sum(1, 10))
```

2. 下列程序的输出结果是＿＿＿＿＿＿＿。

```
def fib(n):
     f1, f2 = 0, 1
     while f2 < n:
          print(f2,end='')
          f1, f2 = f2, f1 + f2
fib(10)
```

3. 下列程序的输出结果是＿＿＿＿＿＿＿。

```
def gcd(m,n):
     r=m%n
     if r==0:
          return n
     else:
          r=m%n
     return gcd(n,r)
print(gcd(4, 18))
```

4. 下列程序的输出结果是＿＿＿＿＿＿＿。

```
sum = 0
def sum(i1, i2):
     result = 0
     for i in range(i1, i2 + 1):
            result += i
     return result
print(sum(1, 10))
```

5. 下列程序的输出结果是＿＿＿＿＿＿＿。

```
def func(a,b):
        return a*b
s=func('hello',2)
print(s)
```

三、编程题

请编写 isadd()函数，函数的参数为两个实数，函数的功能是返回两个实数的和，并编写主程序，从键盘上输入两个实数，调用 isadd()函数进行计算，在屏幕上输出函数的计算结果。

输入样例：

```
3.6
4.8
```

输出样例：

```
8.4
```

04
第4章 程序的流程控制

学习目标

- 了解程序流程的基本概念，掌握程序流程控制的 3
种结构。
- 掌握 if 选择控制语句，并能熟练使用。
- 掌握 for、while 循环控制语句，并能熟练使用。
- 掌握 else、break、continue 流程控制语句的使用方法。
- 掌握一些简单的数学问题求解方法，如质数的判断、阶乘求解等。

本章电子课件

计算机程序都是由一系列语句组成的，运行程序时将会按照语句内容，从上往下一条一条执行。这些语句的执行顺序构成程序的 3 种基本结构：顺序结构、分支结构和循环结构，接下来就让我们一起学习如何编写不同结构的程序。

4.1 顺序结构

顺序结构是程序按照从上到下的顺序依次执行语句的一种方式，例如，编写程序计算三角形的面积，依次需要输入三角形的三条边长，然后用公式：

$$S = \sqrt{p(p-a)(p-b)(p-c)}$$

计算三角形的面积，其中：

$$p = \frac{a+b+c}{2}$$

在程序的最后，输出三角形的面积，具体的 Python 程序代码如下。

```
# 例 4.1 求解三角形面积
a,b,c = input("请输入三角形的三条边长: ").split(" ")
a,b,c = int(a),int(b),int(c)
p = (a + b + c)/2
S = (p * (p-a) * (p-b) * (p-c)) ** 0.5
print("面积",S)
```

运行输出如下。

```
请输入三角形的三条边长: 3 4 5
面积6.0
```

4.2　分支结构

分支结构

分支结构允许程序根据不同的"预设条件"执行相应的语句块，从而控制程序执行的顺序，分支结构也称为选择结构。比如在例 4.1 中，可以增加判断三角形是否成立的预设条件，只有当输入的三条边长能构成三角形时，才计算三角形的面积。

Python 中实现分支结构的关键字有 if、elif 和 else。

4.2.1　if...else 语句

分支语句 if...else 的语法结构如下。

```
if (表达式):
    语句块 1
[else:
    语句块 2
]
```

该语句结构表示当表达式成立（即表达式的值为非零值）时，程序执行语句块 1，当表达式不成立，即表达式的值为零时，程序执行语句块 2，其中 else 语句是可选的（语法结构中的方括号表示括号内的语句可以根据实际情况省略）。

```
# 例 4.2 当三角形成立时求解三角形的面积
a,b,c = input("请输入三角形的三条边长: ").split(" ")
a,b,c = int(a),int(b),int(c)
if (a>0 and b>0 and c>0 and a+b>c and b+c>a and a+c>b ):
    # 上述表达式成立时，执行此语句块
    s = (a + b + c)/2
    area = (s * (s-a) * (s-b) * (s-c)) ** 0.5
    print("面积",area)
else:
    # 表达式不成立时，执行本语句块
    print("不能构成三角形")
```

运行程序：

```
请输入三角形的三条边长: 1 2 3
不能构成三角形
```

再次运行程序：

```
请输入三角形的三条边长: 1 1 1
面积 0.433013
```

例 4.2 中的 else 语句不能省略，否则当输入的数据无法构成三角形时，程序就没有输出。有时，程序中只使用 if 语句也能满足应用场景的要求，比如编写程序输入某个年份二月的天数，程序如下。

```
# 例 4.3 输入年份输出该年二月的天数
year = int(input("请输入年份: "))
day=28
if (year%4 and not year%100) or year%400: #闰年判断条件
```

```
        day=29
print("{0}年二月有{1}天".format(year,day))
```

运行程序：

请输入年份：2002

2002 年二月有 28 天

这里，因为 2002 年不是闰年，所以不会执行 if 语句块中的代码。但是当输入的年份是闰年时，执行 if 语句块中的内容，比如再次运行程序：

请输入年份：2000

2000 年二月有 29 天

4.2.2 elif 语句

当程序处理的问题需要分别判断处理多种情况时，例如，编写 2017 年南京阶梯水价的计费程序时，需要根据用水量分别计算水费，这时 if...else 结构就无法处理这样的需求，因此需要引入 elif 语句。

分支语句 elif 的语法结构如下。

```
if   (表达式1):
        语句块1
elif (表达式2):
        语句块2
…
[else:
        语句块n
]
```

其中，省略号表示 elif 语句块可以根据实际需要出现多次。

下面，参考 2017 年南京水务集团公布的居民用水阶梯价格（见表 4-1），计算某户居民一年应交水费，程序如下。

表 4-1　　　　南京水务集团 2017 年 5 月 27 日公布的一户一表居民用水价格表（部分）

	年用水量	到户单价
第一阶梯	年用水量≤180 立方米	3.04 元
第二阶梯	180 立方米<年用水量≤300 立方米	3.75 元
第三阶梯	年用水量>300 立方米	5.88 元

```
# 例 4.4 计算阶梯水价
total = int(input("请输入年用水量: "))
if total <= 180:
        price = 3.04*total
elif total <= 300:
        price =3.04*180 + 3.75*(total-180)
else:
        price = 3.04*180 +3.75*(300-180) +5.88*(total-300)
print("年用水量为{0}立方米的用户需缴纳水费为{1}元".format(total,price))
```

运行程序：

请输入年用水量：282
年用水量为282 立方米的用户需缴纳水费为929.7元

4.3　循环结构

循环结构

循环结构是一种让指定的代码块重复执行的有效机制，Python 可以使用循环使得在满足"预设条件"下，重复执行一段语句块。构造循环结构有两个要素，一是循环体，即重复执行的语句和代码，另一个是循环条件，即重复执行代码所要满足的条件。为了能够适应不同场合的需求，Python 用 while 和 for 关键字来构造两种不同的循环结构，即表达两种不同形式的循环条件。

4.3.1　while 语句

while 语句可以在条件为真的前提下重复执行某块语句。while 语句是**循环（Looping）**语句的一种。它的语法格式如下。

```
while(表达式):
    语句块
```

while 循环也称为条件循环，即满足条件时，多次运行语句块，不满足时，退出循环。例如，在例 4.5 中，因为循环中的语句块每次执行，count 都会增加 1，所以该语句块执行 3 次后，循环控制条件 count<3 不满足，循环就会结束。

```
# 例 4.5 在屏幕上重复打印字符串
count = 0
while (count < 3):
    #循环开始
    count = count +1;
    print('Hello',count)
    #循环结束
print("Good bye!")
```

程序输出结果如下。

```
Hello 1
Hello 2
Hello 3
Good bye!
```

4.3.2　for 语句

不同于 while 语句，for...in 语句是另一种循环语句，其特点是会在一系列对象上进行**迭代**（**Iterates**），即它会遍历序列中的每一个项目。将在后面的序列（Sequences）章节介绍有关它的更多内容。现在只需要知道队列就是一系列项目的有序集合。for...in 语句的基本用法如下。

```
for <循环变量> in <遍历结构>:
    语句块
```

例 4.6 中判断字符 letter 是否在输入的字符串 str 中，如果在，则逐个输出，因此循环执行次数由输入的字符串长度决定。

```
# 例 4.6 将输入字符串中的每一个字符分别打印
str = input('请输入字符串: ')
for letter in str:
    print(letter, end=' ')
```

其中，循环执行次数由循环变量是否在遍历结构中决定。运行例 4.6，结果如下。

```
请输入字符串:Hi world!
H i   w o r l d !
```

for 循环可以遍历任何序列的项目，如一个列表、一个字符串、一个文件等，还可以用 python 自带的 range 函数生成要遍历的数字序列。例如，下面的代码用 range(1，100)产生 1～99 的自然数，然后求和。

```
# 例 4.7 使用 range 函数生成遍历的范围，并求和
sum = 0
for i in range(100):
    sum += i
print(sum)
```

运行例 4.7，屏幕上输出：

```
4950
```

如果需要 1～100 的数相加，可以用 range(1,101)。另外 range 函数还可以产生按一定规律变化的数列，如 range(1,10,3)生成数列 1，4，7；还可以用 range(-1,-10,-3)生成-1，-4，-7 这个递减数列。

4.3.3 嵌套循环

循环是允许嵌套使用的，也就是在循环体中可以再次出现循环语句。例如，编写程序用 for 语句嵌套实现求 1!+2!+3!+4!+5!的和，可以利用外层循环使循环变量 i 遍历 1、2、3、4、5，再通过内层循环计算出对应阶乘的值，最终求解 i!的和。

嵌套循环

```
# 例 4.8 使用两层循环完成阶乘的累加
N=5
sum = 0
for i in range(1,N+1):
    term=1
    for j in range(1,i+1):
        term = term * j
    print("{0}!={1}".format(i,term))
    sum = sum + term
print("sum=",sum)
```

输出结果如下。

```
1!=1
2!=2
3!=6
4!=24
5!=120
sum=153
```

同理，while 循环也支持嵌套循环，例 4.8 也可以用 while 语句实现，代码如下。

```
# 例 4.9 使用 while 循环嵌套实现阶乘的累加
N=5
i=1
```

```
sum = 0
while i <= N:
    term=1
    j=1
    while j <= i:
        term = term * j
        j = j+1
    print("{0}!={1}".format(i,term))
    sum = sum + term
    i = i + 1
print("sum=",sum)
```

当然，while 和 for 语句也能互相嵌套，使用时可以根据需要相互包含。

4.3.4　循环中的 else 语句

Python 中的循环语句可以有 else 分支，语法如下。

在 while 语句中：

```
while(表达式):
    语句块 1
[else:
    语句块 2]
```

在 for 语句中：

```
for <循环变量> in <遍历结构>:
    语句块 1
[else:
    语句块 2]
```

```
# 例 4.10 循环语句中的 else 语句使用范例
str = input()
for letter in str:
    print(letter, end=' ')
else:
    print("字符串所有字符正常输出")
print("程序结束")
```

带有 else 语句的循环，首先会正常执行循环结构，也就是，只要"预设条件"循环正常执行完，就执行 else 语句中的语句块 2，否则如果循环不是正常执行完的，如采用 4.4 节中的 break中断退出，则不执行 else 中的语句块 2。例如，例 4.10 中如果输入字符串"Hello"，则程序输出如下。

```
H e l l o 字符串所有字符正常输出
程序结束
```

以上代码首先正常执行循环，输出全部字符，然后执行 else 语句输出"字符串所有字符正常输出"，最后执行循环语句的后续语句，输出"程序结束"。

流程中转 break 语句和 continue 语句

4.4　流程中转 break 语句和 continue 语句

循环语句执行次数由 for、while 中的循环控制条件决定，一旦条件不满足，循环就结束。除此之外，Python 还提供了 break、continue 语句来调整循环体的运行，使程序流程更加灵活多变。

break 语句用于中断循环语句，也就是中止循环语句的执行，即便循环控制条件满足，执行 break 语句后，也能立刻结束 break 所在的循环，接着执行循环后面的语句。

continue 语句用于中断一次循环，开始下一次的循环，直到循环控制条件不满足，才结束循环，执行循环后面的语句。

接下来演示 break 语句和 continue 语句对循环的不同影响，先看如下程序。

```python
# 例 4.11 break 语句对循环的作用
for i in range(1,5):
    print(i)
    if ( i%3):
        print('##')
    else:
        break
    print("*")
print("程序结束")
```

循环在 i 为 1，2 时，执行 if 语句及其后的一条输出语句，当 i=3 时，执行 break 语句，循环结束，循环执行了 3 次，然后执行循环后语句，输出"程序结束"。运行结果如下。

```
1
##
*
2
##
*
3
程序结束
```

接着，将上述程序中的 break 语句替换成 continue 语句，代码如下。

```python
# 例 4.12 continue 语句对循环的作用
for i in range(1,5):
    print(i)
    if ( i%3):
        print('##')
    else:
        continue
    print("*")
print("程序结束")
```

该循环在 i=3 时执行 continue 语句，此时跳过循环体中的其他语句，也就是不会输出*，而进入下一次循环，即 i=4，继续执行，直到循环条件不满足时，跳出循环，此时循环执行了 4 次，运行效果如下。

```
1
##
*
2
##
*
3
4
##
*
```

程序结束

如果是带 else 的循环语句，遇到 break 语句也会跳过 else 语句块，因此从循环的 else 语句是否执行可以判断出当前的循环是否正常结束。接着看这样一个例子。

```
#例 4.13 输入一个整数，判断是否为素数
N = int(input())
k = int(N**0.5)
for i in range(2,k+1):
    if N%i == 0:
        j=N/i
        print ('{}等于{}*{}'.format(N,i,j))
        break
else:
    print (N, '是一个素数')
```

运行程序：

```
17
17 是一个素数
```

再次运行：

```
35
35 等于 5 * 7
```

上述程序将检查一个正整数 N 是否为素数，最简单的方法就是试除法，将 N 用小于等于 $\sqrt{N}$ 的所有数去试除，若均无法整除，则 N 为素数。也就是只要例 4.13 中的 for 循环能正常结束，N 就是素数。如果试除过程中能整除，则会进入循环体的 if 分支，执行 break 语句，表明 N 非素数，程序结束。

4.5　综合案例

将程序的 3 种基本控制结构：顺序、分支和循环，以及 break、continue 等语句结合，就可以解决很多实际的问题。

来看这样一个例子：将一个正整数分解质因数。例如，输入 90，打印出 90=2*3*3*5。

程序分析：对 n 分解质因数，然后按下述步骤完成。

（1）首先找到 n 的一个最小的质数 k：取 k 的值为 2～n，然后使 n 被 k 整除，如果不能整除，则用 k+1 作为 k 的值继续，直到能整除。

（2）如果这个质数 k 恰好等于 n，则说明分解质因数的过程已经结束，跳出循环，打印出最后一个质数 n 即可。

（3）如果 k 不等于 n，但因 n 能被 k 整除，所以 k 是 n 的一个质因素，应打印出 k 的值，并用 n 除以 k 的商，作为新的正整数 n，然后重复执行第一步。

程序代码如下。

```
# 例 4.14 分解质因数，保存为primeFactor.py
n = int(input("输入一个正整数"))
print("%d="%n,end='')
```

```
for k in range(2,n+1):
    while n != k:
        if (n % k == 0):
            print("%d*"%k,end='')
            n = n / k
        else:
            break
print("%d"%n)
```

运行程序：

输入一个正整数 102368
102368=2*2*2*2*2*7*457

再来举一个例子：编写程序实现猜数游戏，计算机随机生成一个[1,100]的正整数，有 6 次机会来猜。在编写此程序的过程中，为了生成随机数要用到 random 库的 random 函数，random()生成一个[0.0,1.0]的随机小数。

```
#例 4.15 使用循环编写猜数字游戏的程序
from random import *
number = int(random()*100) + 1
i = 0
while (i < 6):
    guess = int(input('Enter an integer : '))
    if guess == number:
        print('Congratulations, you guessed it.')
        break
    elif guess < number:
        print('it is a little higher')
    else:
        print('it is a little lower')
    i = i + 1
else:
    print("Fail, number is", number)
print('Done')
```

运行程序：

```
Enter an integer : 40
it is a little higher
Enter an integer : 50
it is a little lower
Enter an integer : 45
it is a little lower
Enter an integer : 43
it is a little lower
Enter an integer : 41
Congratulations, you guessed it.
Done
```

再次运行：

```
Enter an integer : 50
it is a little lower
Enter an integer : 10
it is a little higher
Enter an integer : 30
```

```
it is a little higher
Enter an integer : 35
it is a little higher
Enter an integer : 37
it is a little higher
Enter an integer : 38
it is a little higher
Fail, number is 42
Done
```

这个程序利用 else 判断循环是否正常结束，如果猜了 6 次，就给出 Fail 的提示。

4.6　本章小结

通过本章的学习，读者应该了解并掌握了程序的 3 种基本控制结构：顺序结构、分支结构和循环结构，以及流程中转语句 break 和 continue 的相关知识。

顺序结构是最基本的程序结构，在顺序结构中，程序按照从上往下的顺序一条一条地执行。分支结构是在顺序结构的程序中加入了判断和选择的成分，在 Python 中，这样的控制成分包括 if、else和 elif。使用分支结构的好处是可以让程序根据某些条件的成立与否，进行不同的选择，从而执行不同的语句块，最终实现不同的功能，更好地满足用户的需求。

循环结构与分支结构不同，其目的主要是消灭程序代码中连续的重复内容，让程序更加简洁，从而提升程序的可读性，通常使用 while 和 for 语句来完成循环结构的控制成分。while 语句是一种判断型循环控制语句，通常在循环的起始位置设置一个循环条件，只有当循环条件被打破时，循环才会终止。for 循环则与之不同，for 循环是一种遍历型循环，也就是说，在循环的起始位置需要设置一个遍历范围或者需要遍历的数据集合，在 for 循环的执行过程中，它会将该范围或者集合中的数据带入循环体中逐个执行一遍，直到所有的数据都尝试过为止。

在程序的流程控制过程中，还有几个特别重要的关键字需要关注，分别是 else、pass、break和 continue，这些关键字在程序的流程控制中具有举足轻重的作用，希望读者牢牢掌握，并加以实践。

以上内容是构成 Python 程序的根本。使用这 3 种结构来构造程序，可以解决各种各样的问题。

4.7　课后习题

扫码在线做习题

一、单选题

1. 可以结束一个循环的保留字是（　　　）。

    A.　exit　　　　　　　　　　　　　　B.　if

    C.　break　　　　　　　　　　　　　D.　continue

2. 下面是流程图的基本元素的是（　　　）。

    A.　判断框　　　　B.　顺序语句　　　　C.　分支语句　　　　D.　循环语句

3. 如图 4-1 所示的流程图的输出结果是（　　　）。

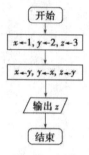

图 4-1　流程图

A. 2　　　　　　　　B. 0　　　　　　　　C. 1　　　　　　　　D. 3

4. 下面程序的输出结果是（　　　）。

```
x = 10
y = 20
if x > 10:
    if y > 20:
        z = x + y
        print('z is', z)
else:
    print('x is', x)
```

A. 没有输出　　　B. 10　　　　　　C. 20　　　　　　D. 30

5. 下面程序的输出结果是（　　　）。

```
grade = 90
if grade >= 60:
    print( 'D')
elif grade >= 70:
    print( 'C')
elif grade >= 80:
    print( 'B')
elif grade >= 90:
    print( 'A')
```

A. D　　　　　　　B. A　　　　　　　C. B　　　　　　　D. C

6. 以下程序的输出结果是（　　　）。

```
number = 10
if number % 2 == 0:
    print(number, 'is even')
elif number % 5 == 0:
    print(number, 'is multiple of 2')
```

A. 10 is even　　　　　　　　　　B. 10 is multiple of 2

C. 10 is even　　　　　　　　　　D. 程序出错
　　10 is multiple of 2

7. 以下程序的输出结果是（　　　）。

```
x = 1
y = -1
z = 1
if x > 0:
    if y > 0: print('AAA')
elif z > 0: print('BBB')
```

A. 'AAA'　　　　　B. 'BBB'　　　　　C. 无输出　　　　　D. 程序出错

8. 以下程序的输出结果是（　　　）。

```
y = 0
for i in range(0, 10, 2):
    y += i
print("y=",y)
```

  A. 0　 B. 10　 C. 20　 D. 30

9. 以下程序的输出结果是（　　　）。

```
x= 0
while x<6:
    if x%2==0:
        continue
    if x==4:
        break
    x+=1
print("x=",x)
```

  A. 1　 B. 4　 C. 6　 D. 死循环

10. 若 k 为整型，则下述 while 循环执行的次数为（　　　）。

```
k=10
while k>1:
    print k
    k = k/2
```

  A. 4　 B. 10　 C. 5　 D. 死循环

11. range(1,12,3)的值是（　　　）。

  A. [1,4,7,10]　 B. [1,4,7,10,12]

  C. [0,3,6,9]　 D. [0,3,6,9,12]

二、填空题

1. 下列程序的输出结果为＿＿＿＿＿＿＿＿。

```
countNum = 0
countAlpha = 0
for i in "pyhton_3.6":
    if ('0'<=i<='9'):
        countNum = countNum + 1
    elif ('a'<=i<='z'):
        countAlpha = countAlpha + 1
    else:
        print(i)
else:
    print(countNum,countAlpha)
```

2. 下列程序的输出结果为＿＿＿＿＿＿＿＿。

```
var_A = 50
if var_A > 20:
    var_A += 10
else:
    var_A -= 10
var_A += 3
print(var_A)
```

3. 下列求 10 以内所有奇数之和的值是＿＿＿＿＿＿＿＿。

```
sum = 0
i = 1
```

```
while sum < 10:
    if i % 2 != 0:
        sum += i
print(sum)
```

4. 下列程序的输出结果为_____。

```
num = 27
count = 0
while num > 0:
    if num % 2 == 0:
        num /= 2
    elif num % 3 == 0:
        num /= 3
    else:
        num -= 1
    count += 1
print(count)
```

5. 下列程序的输出结果分别为_____和_____。

```
max = 10
sum = 0
extra = 0
for num in range(1, max):
    if num % 2 and not num % 3:
        sum += num
    else:
        extra += 1
print(sum)
```

6. 如果输入 4, 6.8, 1, 9.7, -2，则以下程序的输出结果是_____。

```
number = eval(input())
max = number
while number>0:
    number = eval(input())
    if number > max:
        max = number
print(max)
```

三、编程题

1. 编写程序，以每行 5 个的形式输出 100 以内的所有素数。

输出样例：

```
3    5    7    11   13
17   19   23   29   31
...
```

2. 编写程序，输出九九乘法表，输出格式如下。

```
1*1 = 1   1*2 = 2   1*3 = 3   1*4 = 4   1*5 = 5   1*6 = 6   1*7 = 7   1*8 = 8   1*9 = 9
2*1 = 2   2*2 = 4   2*3 = 6   2*4 = 8   2*5 = 10  2*6 = 12  2*7 = 14  2*8 = 16  2*9 = 18
3*1 = 3   3*2 = 6   3*3 = 9   3*4 = 12  3*5 = 15  3*6 = 18  3*7 = 21  3*8 = 24  3*9 = 27
4*1 = 4   4*2 = 8   4*3 = 12  4*4 = 16  4*5 = 20  4*6 = 24  4*7 = 28  4*8 = 32  4*9 = 36
5*1 = 5   5*2 = 10  5*3 = 15  5*4 = 20  5*5 = 25  5*6 = 30  5*7 = 35  5*8 = 40  5*9 = 45
6*1 = 6   6*2 = 12  6*3 = 18  6*4 = 24  6*5 = 30  6*6 = 36  6*7 = 42  6*8 = 48  6*9 = 54
7*1 = 7   7*2 = 14  7*3 = 21  7*4 = 28  7*5 = 35  7*6 = 42  7*7 = 49  7*8 = 56  7*9 = 63
8*1 = 8   8*2 = 16  8*3 = 24  8*4 = 32  8*5 = 40  8*6 = 48  8*7 = 56  8*8 = 64  8*9 = 72
9*1 = 9   9*2 = 18  9*3 = 27  9*4 = 36  9*5 = 45  9*6 = 54  9*7 = 63  9*8 = 72  9*9 = 81
```

3. 编写程序，输出 100～999 的所有水仙花数（水仙花数是指一个三位数，其各位数字的立方和等于该数本身）。

输出样例：

```
153
370
371
407
```

4. 从键盘上输入一个数 num，判断 num 是否为回文数（回文数就是一个正数顺过来和反过来都是一样的，如 123321、15851 等）。

输入样例：

```
12321
```

输出样例：

```
12321 是回文数
```

输入样例：

```
123456
```

输出样例：

```
123456 不是回文数
```

本章电子课件

05 第5章 函数与模块

学习目标

- 掌握函数的定义和调用方法。
- 理解函数中参数的作用。
- 理解变量的作用范围。
- 了解匿名函数 lambda 的基本用法。
- 理解模块与包的概念及用法。
- 掌握 Python 内置模块的基本使用方法。

函数（Function） 是指可重复使用的程序段，这个程序段通常实现特定的功能。在程序中可以通过调用（Calling）函数来提高代码的复用性，从而提高编程效率及程序的可读性。

5.1 函数的定义与调用

函数是带有函数名的一系列语句，在使用之前（调用），需要先定义，通过关键字 def 来定义，形式如下。

```
def 函数名([参数列表]):
    ['''文档字符串''']
    [函数体]
    return [返回值列表]
```

例 5.1 是一个简单的函数定义的例子。

```
# 例 5.1 函数的定义和调用
def say_hello():   #函数示例
    '''这是一个示范函数,该函数没有参数'''
    print('hello world')
# 函数结束
say_hello()        # 调用函数
```

其中，函数名是合法的标识符，函数名后是一对()，括号中包含 0 个或以上的参数，这些参数称为形参（Formal Parameters）。def 定义的函数首行后有一个:（冒号），其后是缩进的代码块作为函数体，函数最后可以用 return 语句将值返回给调用方，并结束函数。

5.1.1　文档字符串

函数体第一行语句可以是一段由 3 个引号开头的**文档字符串**（**Documentation String** 或 **docstring**），用于说明函数的作用。一个函数的文档字符串可以通过属性__doc__访问得到，如果定义好上面的函数，再执行：

```
>>>print(say_hello.__doc__)
```

则会在屏幕上得到：

```
这是一个示范函数,该函数没有参数
```

5.1.2　函数调用

函数定义后，通过调用函数运行函数体中定义的代码段。调用方法如下。

```
<函数名>(<参数列表>)
```

其中，函数名是定义函数时 def 后给出的标识符，参数则是要传入函数的值，也就是**实参**（**Actual Parameters**）。

程序调用函数的步骤如下。

（1）调用程序在调用点暂停执行。

（2）调用时将实参传递给形参。

（3）程序转到函数，执行函数体中的语句。

（4）函数执行结束，转回调用函数的调用点，然后继续执行。

例如，先定一个函数，该函数用来打印 Fibonacci 数列的前 *n* 项，所谓 Fibonacci 数列，就是形如 1，1，2，3，5，8，13，21…的数列，程序如下。

```
# 例 5.2 求 Fibonacci 数列的前 n 项
def fib(n):
    """Print a Fibonacci series up to n."""
    a,b = 1,1
    item = 1
    while item <=  n:
        print(a, end=' ')
        a, b = b, a+b
        item += 1
```

调用 fib 函数的形式如下。

```
fib(10)
```

如果函数定义时没有参数，那么调用时也可以不给出实参，只需要写一对()。例如：

```
# 例 5.3 定义没有参数的函数
def hello():
     print("python")

for i in range(3):
    hello()   #函数调用
```

运行结果如下。

```
python
python
python
```

其中 hello 函数定义时就没有形参，因此只要用 hello() 的形式调用即可。其执行顺序与带参数的函数的执行完全相同，从调用点转向函数，函数执行完后，回到调用点继续执行后续代码。

5.1.3 函数的返回值

函数执行完后，可以用 return 语句给调用该函数的语句返回一个对象，这个对象可以是该函数运行的结果。

```
# 例 5.4 定义函数计算两个数中的最大值
def maximum(x, y):
    if x > y:
        return x
    elif x == y:
        return 'The numbers are equal'
    else:
        return y

a,b = input().split(" ")
print(maximum(a, b))
```

第一次运行，输入：

```
2.3 4.5
4.5
```

再次运行，输入：

```
3.3 3.3
The numbers are equal
```

函数按顺序从函数体第一行开始执行，当执行到 return 语句就返回调用处。例 5.4 中的 maximum(x,y) 函数可以返回输入的 x、y 两个数的较大值，当 x、y 相等时，返回字符串 "The numbers are equal"。调用该函数的语句 maximum(a, b) 将 a、b 的值传递给 x、y，并用 print 语句输出函数返回的值。

当函数没有 return 语句，即没有给出要返回的值时，Python 会给它一个 None 值。None 是 Python 中的特殊类型，代表"无"。例如，对例 5.2 定义的 fib(n) 函数进行如下调用。

```
print(fib(10))
```

则输出会变成：

```
1 1 2 3 5 8 13 21 34 55 None
```

输出中的 Fibonacci 数字序列是在 fib 函数中实现的，而最后输出 None 是因为 print 语句要输出 fib(n) 函数的返回值，而 fib 是个无返回值的函数。

return 不仅可以返回单个值，还可以返回一组值，例如，例 5.5 修改自例 5.2，fib2(n) 没有将满足要求的数列直接输出到屏幕上，而是存储在列表（list）中，并将该列表整体返回给调用者，这样调用者不仅可以完成数列的输出，也还可以利用该列表中的值做其他需要的操作。

定义函数 fib2(n)，返回 Fibonacci 数列中小于 n 的数列项。调用该函数并输出该数列，程序如下。

```
# 例 5.5 通过函数的返回值，返回 Fibonacci 数列的前 n 项
def fib2(n):
    """Print a Fibonacci series up to n."""
    ff = []          #ff 是一个列表，列表的相关知识会在后面讨论
    a,b = 0,1
```

```
    while b <= n:
        ff.append(b)          #这条语句将会不断地向列表中添加新的元素
        a, b = b, a+b
    return ff

f=fib2(100)                   #函数调用
print(f)
```

程序运行结果如下。

```
[1, 1, 2, 3, 5, 8, 13, 21, 34, 55, 89]
```

例 5.5 在函数 fib2 内定义了列表 ff，并通过计算将 Fibonacci 不大于 *n* 的各项赋值给 ff，然后用 return 语句将该列表对象返回给调用者。调用者将该值又赋给对象 f，然后就可以直接用 print 输出，当然还可以对 f 进行其他的操作。

例 5.5 中用到了列表的一个操作 append，其作用是在列表最后增加一个新的元素。具体内容在后面学习列表时再探讨。

5.1.4 匿名函数

对于只有一条表达式语句的函数，可以用关键字 lambda 定义为匿名函数(Anonymous Functions)，使程序简洁，提高可读性。匿名函数的定义形式如下。

```
lambda [参数列表]:表达式
```

匿名函数没有函数名，参数可有可无，有参数的匿名函数参数个数任意。但是作为函数体的表达式时，仅能包含一条表达式语句，因此只能表达有限的逻辑。这条表达式语句执行的结果就作为函数的值返回。

```
# 例 5.6 匿名函数使用方法举例
s = lambda : "python".upper()     #定义无参匿名函数，将字母改成大写
f = lambda x : x * 10             #定义有参匿名函数，将数字扩大 10 倍
print(s())                        #调用无参匿名函数，注意要加一对()
print(f(7.5))                     #调用有参匿名函数，传入参数
```

输出为：

```
PYTHON
75.0
```

匿名函数还可以作为函数调用中的一个参数来传递。

```
# 例 5.7 把匿名函数作为参数传递的举例
points = [(1,7),(3,4),(5,6)]
points.sort(key=lambda point: point[1])   #调用函数 sort 按元素第二列进行升序排列
print(points)
```

运行后输出如下结果。

```
[(3, 4), (5, 6), (1, 7)]
```

5.2 函数的参数传递

函数调用时，默认按位置顺序将实参逐个传递给形参，也就是调用时，传递的实参和函数定义时确定的形参在顺序、个数上要一致，否则调用会出错。为了增加函数调用的灵活性和方便性，Python

中还提供了其他方式。

5.2.1　默认参数与关键字参数

函数定义时可以给形参赋予默认值，即存在**默认参数**（**Default Argument Values**）的情况，这样调用时，如果没有给这个形参传递值，就可以用默认值。

```
# 例 5.8 参数的默认值
def say(name="python",time=3):
    i = 1
    while i <=  time:
        print(name, end=' ')
        i += 1
```

函数 say 有两个默认参数，name 的默认值为 python，time 的默认值为 3，这样，以下 4 种调用方式都是正确的。

```
say()                    #两个参数都使用默认值
say("hello")             #以"hello"作为第一个参数传入函数，第二个参数 time 使用默认值
say(5)                   #以 5 作为第一个参数传入函数，第二个参数 time 使用默认值
say("hello",5)           #不使用默认值，使用传递的实际参数运行函数体
```

上述 4 条语句执行后的结果如下。

```
python python python     #say()的执行结果
hello hello hello        #say("hello")的执行结果
5 5 5                    #say(5)的执行结果
hello hello hello hello hello #say("hello",5)的执行结果
```

在调用默认参数的函数过程中，实参到形参的传递也是按位置顺序逐个赋值，如上面调用 say("hello")时，字符串"hello"传递给形参 name，因为只传递了一个实参，第二个形参 time 就取默认值 3，输出 3 次字符串"hello"。而在调用 say(5)时，5 作为实参传递给第一个形参 name，第二个形参 time 取默认值 3，所以输出 3 个 5。

那么如果希望能输出 5 次默认参数"python"又该怎么办呢？Python 提供了使用命名（关键字）而非位置来指定函数中参数的方式，即使用**关键字参数**（**Keyword Arguments**）。它在调用时以形参名=实参的形式表明该实参是传递给哪一个形参的。例如，使用以下调用形式。

```
say(time=5)
```

上述语句表示将 5 传递给形参 time，这样 name 就没有给出实参，只能用默认值"python"，这个调用就能输出：

```
python python python python python
```

关键字参数的方法使函数调用时不再需要考虑参数的顺序，函数更易用。特别地，当存在默认参数时，只需要对个别参数赋值就可以了。但方便的同时，要注意避免对同一参数多次赋值的情况，如果使用如下的调用形式。

```
say("hello",name=5)
```

运行后，则会给出如下错误提示。

```
say() got multiple values for argument 'name'
```

因为对于没有给出关键字的实参，"hello"会按位置顺序给形参 name 赋值，然后又用关键字参数再次给 name 赋值，引起错误。

5.2.2　不定长参数

Python 还支持**不定长参数**（**Arbitrary Argument Lists**），也就是参数数量是可变的，为此，定义函数时，在函数的第一行参数列表最右侧增加一个带*的参数，其形式如下。

```
def 函数名([参数列表],*args):
```

和正常的参数相比，不定长参数即加了'*'的参数，可以将所有未命名的变量参数（字典类型除外）存在一个元组（tuple）中供函数使用。

```
# 例 5.9 输出两位学生的课程成绩单及各自的平均成绩，保存为 funVarArgs.py
def grade(name,num,*scores):
    print(name)
    print("{}门课程成绩为: ".format(num))
    ave = 0
    for var in scores:
        print(var,end=' ')
        ave = ave + var
    ave = ave / num
    print("\n平均成绩为{:.2f}".format(ave))
# 接下来调用函数
grade("Zhang",3,90,100,98)
grade("Huang",4,92,98,99,90)
```

运行上述程序，输出结果如下。

```
Zhang
3 门课程成绩为：
90 100 98
平均成绩为 96.00
Huang
4 门课程成绩为：
92 98 99 90
平均成绩为 94.75
```

在例 5.9 中，因为两个学生选修的课程数不同，所以传递成绩需要不定长参数，调用后以元组形式存入形参 scores 中，因为元组是一种序列结构，所以在函数中可以用 for 语句访问，将各科成绩逐个输出并用于计算平均成绩。

5.3　变量的作用域

程序的运行离不开变量，但是 Python 程序中的变量并不能在程序的所有地方访问，能否访问取决于变量赋值的位置，根据变量赋值的位置不同，将变量分为全局变量和局部变量。不同的变量类型决定了程序中能访问该变量的范围，也就是变量的**作用域**（Scope）。

1. 局部变量

在函数内部赋值的变量是局部变量，它只能被定义它的函数中的语句访问。

```
# 例 5.10 局部变量的作用域
def fun(discount):
    price = 200                # 在函数体中定义局部变量
    price = price * discount
```

```
        print("fun:price",price)

fun(0.8)
print("main:price",price)
```

运行该程序，输出如下报错信息。

```
NameError: name 'price' is not defined
```

程序表面，函数 fun 中的 price 是局部变量，在函数 fun 内部可以访问，但是离开函数后，price 就不能被访问了。

2. 全局变量

在函数之外赋值的变量是全局变量，它可以被整个程序中的其他语句访问。

```
# 例 5.11 全局变量的作用域
def fun(discount):
    print("fun:price",price)

price = 100          # 在主程序中定义全局变量
fun(0.8)
print("main:price",price)
```

执行该程序后，屏幕上显示如下结果。

```
fun:price100
main:price100
```

程序中的 price 变量就是全局变量，因此在程序的任何位置都可以访问该变量，包括在函数 fun 中可以输出该变量的值。

但是，如果在函数 fun 中增加一条赋值语句，则程序修改如下。

```
# 例 5.12 在函数体中的赋值语句会定义同名局部变量
def fun(discount):
    price = price * discount
    print("fun:price",price)
price = 100
fun(0.8)
print("main:price",price)
```

运行时输出如下错误信息。

```
UnboundLocalError: local variable 'price' referenced before assignment
```

这是因为在 fun 中出现赋值语句后，程序将函数中的 price 定义为局部变量了，而该局部变量在使用前没有初始值。这时用 global 语句声明该变量，表示变量是在函数外定义了的全局变量。用 global 语句修改程序如下。

```
# 例 5.13 使用 global 显式声明全局变量
def fun(discount):
    global price          # global 语句用来将 price 声明为全局变量
    price = price * discount
    print("fun:price",price)
price = 100
fun(0.8)
print("main:price",price)
```

再运行，得到如下结果。

```
fun:price80
main:price80
```

这样，函数内外访问的是同一个全局变量 price。

当然，也可以在函数内部定义一个同名的局部变量 price，程序如下。

```
# 例 5.14 同名局部变量将会隐藏全局变量的值
def fun(discount):
    price = 200
    price = price * discount
    print("fun:price",price)
price = 100
fun(0.8)
print("main:price",price)
```

运行该程序，屏幕显示如下结果。

```
fun:price160
main:price100
```

同名的局部变量和全局变量拥有各自的作用域，并不会相互干扰。

5.4　函数的递归

递归是常用的编程方法，适用于能把一个大型复杂的问题逐层转化为一个与原问题性质相似，但规模较小的问题来求解的场景。例如，求 n 的阶乘的问题，程序如下。

```
# 例 5.15 利用递归完成 n! 的求解并输出
def fact(n):
    if n==1:
        return 1
    return n * fact(n - 1)
s = fact(5)
print(s)
```

运行该程序将会输出如下结果。

```
120
```

为了理解递归执行的过程，在函数中增加输出语句，修改上述代码如下。

```
# 例 5.16 修改过的递归函数，展示递归细节
def fact(n):
    if n==1:
        print("fact({})返回{}".format(n,1))
        return 1
    else:
        print("计算{}*fact({})".format(n,n-1))
        s = n * fact(n - 1)
        print("fact({})返回{}".format(n,s))
        return s
fact(5)
```

运行输出如下结果。

```
计算 5*fact(4)
计算 4*fact(3)
计算 3*fact(2)
计算 2*fact(1)
fact(1)返回 1
```

```
fact(2)返回 2
fact(3)返回 6
fact(4)返回 24
fact(5)返回 120
```

从程序执行的结果可以看出，调用 fact(5)以计算 5!，为完成 fact(5)计算，只要执行 5*fact(4)即可，因此继续调用 fact(4)，依此类推，直到调用 fact(1)。fact(1)计算已经很简单，作为递归结束的地方，直接将结果 1 返回上层调用 fact(2)，然后计算 2*fact(1)，将该值作为 fact(2)的结果返回上层调用 fact(3)，依此类推，直到回到最初的调用 fact(5)，得到运算结果。

根据直接或间接调用函数自身，将递归调用分为直接递归与间接递归。无论哪一种，递归实现过程中都有当前层调用下一层时的参数传递，以及获得下一层返回的结果，并向上一层调用返回当前层的结果的过程。因此，设计递归程序的关键是找出调用需要的参数、返回的结果及递归调用结束的条件。

5.5 模块化程序设计

程序由一条条语句实现，当程序功能复杂，代码行数很多时，如果不采取一定的组织方法，就会使程序的可读性较差，后期也难以维护。

在 Python 中，代码可以按如下方式一层层地组织。

（1）使用函数将完成特定功能的代码进行封装，然后通过函数的调用完成该功能。

（2）将一个或几个相关的函数保存为.py 文件，构成一个模块（Module）。导入该模块，就可以调用模块中定义的函数。

（3）一个或多个模块连同一个特殊的文件__init__.py 保存在一个文件夹下，形成包（Package）。包能方便地分层次组织模块。

为了更好地说明模块化程序设计的概念，通过下面的例子来讲解模块化程序设计的编程思想，编写程序实现以下功能：输入任意数 a，b 以及整数 n，用二项式定理计算 $(a+b)^n$。

由基本的数学知识，可以知道二项式定理表示如下。

$$(a+b)^n = C_n^0 a^n b^0 + C_n^1 a^{n-1} b^1 + \cdots + C_n^r a^{n-r} b^r + \cdots + C_n^n a^0 b^n = \sum_{r=0}^{n} C_n^r a^{n-r} b^r$$

其中，各项系数为组合数 C_n^r，求解方法如下。

$$C_n^r = n! / (r!(n-r)!)$$

根据公式，二项式的计算可以分解成以下几个子问题。

（1）求整数的阶乘。

（2）求解组合数。

（3）求解二项式中的各项。

（4）求解各项的累加和。

其中，每个子问题都可以用函数来实现，考虑到阶乘和组合数可以使用的场合较为普遍，因此可以封装在模块 combinatorial 中供其他程序使用，该模块对应的文件为 combinatorial.py。而二项式中各项的求解和各项之和的求解关联密切，可以封装在模块 bino 中，即文件 bino.py。

然后将这两个模块用目录结构的方法组织成包，保存在 binomial 文件夹中。程序的整体结构如图 5-1 所示。

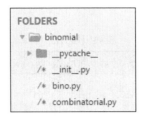

图 5-1　模块化程序设计的文件结构

其中，bino 模块的代码如下。

```
# 例 5.17 求解二项式的相关函数
from combinatorial import *        # 导入 combinatorial 模块中的所有函数
def term(a,b,n,r):
    t = comb(n,r) * a**(n-r) * b**r
    return t
def sum(a,b,n):
    item = 0
    for r in range(n+1):
        print(r)
        item = item + term(a,b,n,r)
    return item

if __name__ == '__main__':        # 判断当前程序文件是否以主程序被执行
    a,b,n = map(int,input("请输入二项式系数 a，b 及项数 n: ").split(" "))
    print(sum(a,b,n))
```

combinatorial 模块的代码如下。

```
# 例 5.18 求解组合数的相关函数，保存为 combinatorial.py
def fac(N):
    term = 1
    for i in range(1,N+1):
        term = term * i
    return term
def comb(M,N):
    a = fac(M)
    b = fac(N)
    c = fac(M-N)
    return (a/b/c)
```

接下来详细介绍模块和包的使用方法。

5.5.1　模块及其引用

模块及其引用

模块是一个以.py 为扩展名的文件，文件由语句以及函数组成。例如，文件 abc.py 是一个名为 abc 的模块。文件定义成模块后，只要在其他函数或主函数中引用该模块，就可以调用该模块中的函数，达到代码重用的目的。此外，使用模块还可以避免函数名和变量名冲突。在不同的模块中，可以使用相同名称的函数和变量。

1. 模块的引用

主程序及其他程序中如果要使用模块中定义的变量或者函数，首先要引用模块。引用模块的方法有如表 5-1 所示的两种。

表 5-1 模块引用方法

	方法一	方法二
模块的引用	import 模块名	from 模块名 import 函数名 或者：from 模块名 import *
引用示例	import combinatorial	from combinatorial import fac,comb 或者：from combinatorial import *
函数调用	模块名.函数名	函数名
函数调用示例	combinatorial.fac(10)	fac(10)

2. 搜索路径

引用模块时，解释器会进行搜索以找到模块所在位置，搜索按以下顺序进行。

（1）当前工作目录，即包含 import 语句的代码。

（2）PYTHONPATH（通过环境变量进行设置）。

（3）Python 默认的安装路径。

所有的搜索路径都存放在系统内置模块 sys 的 path 变量中，可以用以下方式查看。

```
>>> import sys
>>> sys.path
```

输出类似以下的结果显示当前环境的搜索路径。

```
#路径示范，而非全部路径
['','C:\\Users\\Administrator\\AppData\\Local\\Programs\\Python\\Python36\\Lib\\idlel
ib', 'C:\\Users\\Administrator\\AppData\\Local\\Programs\\Python\\Python36\\python36.zip']
```

其中，路径列表的第一个元素为空字符串，代表当前目录。导入模块时，解释器会按照列表的顺序搜索，直到找到第一个模块。如果模块所在路径不在搜索路径中，也可以调用 append 函数来增加模块所在的绝对路径。例如：

```
>>> sys.path.append("d:\1")
```

将需要的路径增加到搜索路径中。这种方法在重新启动解释器时会失效。

3. 模块的 __name__ 属性

模块的初始化只在该模块第一次被引用，即遇到 import 时执行，这样可以避免模块被多次执行。如果需要知道模块是自己运行还是被其他模块引入的，可以使用属性 __name__。在例 5.17 中，bino 模块中有如下代码。

```
if __name__ == '__main__':
a,b,n = map(int,input("请输入二项式系数a,b及项数n: ").split(" "))
print(sum(a,b,n))
```

表示如果该模块是自己运行的，即运行该模块的代码的 __name__ 属性值为 __main__，则只需要输入 3 个数再调用 sum() 函数，即可完成二项式的计算。

4. dir 函数

内置函数（参见 5.6 节）dir() 返回当前模块或指定模块中定义的对象名称。例如，要显示 sys

模块中定义的对象名称，可以使用如下代码（只给出部分值，要查看全部的值，请在交互环境中运行该函数）。

```
>>> dir(sys)
['__displayhook__', '__doc__', '__excepthook__', '__interactivehook__', '__loader__',
'__name__', '__package__', '__spec__', '__stderr__', '__stdin__', '__stdout__',
'_clear_type_cache', '_current_frames', '_debugmallocstats', 'version', 'version_info',
'warnoptions', 'winver']
```

dir 函数调用时如果没有参数，例如：

```
>>> a=5
>>> import binomial,sys
>>> dir()
['__annotations__', '__builtins__', '__doc__', '__loader__', '__name__', '__package__',
'__spec__', 'a', 'binomial', 'sys']
```

则显示当前定义的模块和属性的名称。

5.5.2　包

包是 Python 引入的分层次的文件目录结构，它定义了一个由模块、子包以及子包下的子包等组成的 Python 的应用环境。引入包以后，只要顶层的包名不与其他包的名称冲突，那么所有模块都不会与其他包的名称冲突。

Python 的每个包目录下面都会有名为 __init__.py 的特殊文件，该文件可以为空文件，但是必须存在，它表明这个目录不是普通的目录结构，而是一个包，里面包含模块。

Python 的包下面还可以有子包，即可以有多级目录，以组成多级层次的包结构。同样在每个子包文件夹下也都需要一个 __init__.py 文件，如图 5-2 所示。

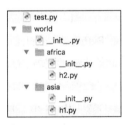

图 5-2　复杂 Python 项目的包结构

图 5-2 所示的目录结构表明名为 world 的包中还包含 asia、africa 两个子包，而这些子包中又包含了各自的模块 h1 和 h2。另外还有一个 test 模块用于测试。各个模块的代码如下。

```
#test.py
import world.asia.h1          #引用包中模块的方法一
from world.africa import h2    #引用包中模块的方法二
world.asia.h1.hello()          #调用模块中的函数方法一
h2.hello()                     #调用模块中的函数方法二
```

test.py 是主程序，其中导入各个包中的模块，并调用各个模块中的函数。

```
#world包的文件__init__.py
if __name__ == '__main__':
    print ('从主程序运行')
else:
    print ('包world初始化')
```

__init__.py 文件包含导入该包时需要执行的初始化代码。

```
#h1.py
def hello():
    str = "this is asia"
    print(str)
```

h1.py 是包含在包 asia 中的模块，其中包含 hello 函数。

```
#h2.py
def hello():
    str = "this is africa"
    print(str)
```

h2.py 是包含在包 africa 中的模块，其中包含另外一个 hello 函数。

从命令行执行 test.py，命令行输出如下结果。

```
包 world 初始化
this is asia
this is africa
```

test.py 中给出了两种引入包中模块的方法，对应地，调用模块中的函数也有两种方法。从该例也可以看到，虽然模块 h1 和模块 h2 中有同名的函数 hello，但是因为所属的模块不同，所以调用时并无冲突。

5.6　内置函数

Python 中的模块有 3 种：标准模块、第三方模块和用户自定义模块。

在前面的章节介绍了如何自定义模块、在自己定义的模块中添加自定义函数，并根据程序需要进行调用。

标准库随 Python 安装包一起发布，是 Python 运行的核心，提供了关于系统管理、网络通信、文本处理等功能。标准库中有些模块（如前面的 sys）的使用方法和用户自定义模块一样，要先用 import 引用，才可以使用其中定义的函数。而另一些模块则包含在解释器中，使用时不需要引用，可以直接使用其中的函数，这部分函数称为**内置函数**（**Built-in Functions**）。

第三方模块则是在 Python 发展过程中针对各种领域，如科学计算、Web 开发、数据库接口、图形系统等逐步形成的，需要安装才能使用。目前 Python 官网给出了第三方库索引功能（the Python Package Index, PyPI），因为本书主要针对的是刚开始学习编程的读者，所以对于第三方模块，本书不做深入介绍。

表 5-2 罗列出了一些常用的内置函数及其功能，如果想了解更多的内置函数及它们的相关细节，可以自行查询，分别对应 Python3 和 Python2 的内置函数参考手册。

表 5-2　　　　　　　　　　　　　　　　常见内置函数汇总

函数名	函数功能	函数名	函数功能
abs()	求绝对值	all()	判断参数中的所有数据是否都为 True
any()	判断参数中是否存在任意一个为 True 的数据	bin()	将十进制数转换成二进制数
bool()	将参数转换成逻辑型数据	bytes()	将参数转换成字节型数据
chr()	返回对应 ASCII 码的字符	complex()	创建一个复数

函数名	函数功能	函数名	函数功能
delattr()	删除对象的属性	dict()	创建一个空的字典类型的数据
dir()	没有参数时，返回当前范围内的变量、方法和定义的类型列表；带参数时，返回参数的属性和方法列表	divmod()	分别求商和余数
enumerate()	返回一个可以枚举的对象	eval()	计算字符串参数中表达式的值
float()	将参数转换为浮点数	format()	格式化输出字符串
frozenset()	创建一个不可修改的集合	getattr()	获取对象的属性
hasattr()	判断对象是否具备特定的属性	hex()	返回参数的十六进制
id()	返回对象的内存地址	input()	获取用户输入的内容
int()	将参数转换成整数	isinstance()	检查对象是否是类的实例
issubclass()	检查一个类是否是另一个类的子类	len()	返回对象长度
list()	构造列表数据	map()	将参数中的所有数据用指定的函数遍历
max()	返回给定元素中的最大值	min()	返回给定元素中的最小值
next()	返回一个可迭代数据结构中的下一项	oct()	将参数转换为八进制
open()	打开文件	ord()	求参数字符的 ASCII 编码
pow()	幂函数	print()	输出函数
range()	根据需要生成一个指定的范围	reversed()	反转，逆序对象
round()	对参数进行四舍五入	set()	创建一个集合类型的数据
setattr()	设置对象的属性	sorted()	对参数进行排序
str()	构造字符串类型的数据	sum()	求和函数
super()	调用父类的方法	tuple()	构造元组类型的数据
type()	显示对象所属的类型	zip()	将两个可迭代对象中的数据逐一配对

5.7　本章小结

本章介绍了 Python 中函数的定义和使用的相关知识。

函数（Function）是指可重复使用的程序段，这个程序段通常实现特定的功能。在程序中可以通过调用（Calling）函数提高代码的复用性，从而提高编程效率及程序的可读性。

为了更好地使用函数，可以在函数调用时向函数内部传递参数，本章介绍了各种形式的参数传递方法，读者在学习函数参数的过程中，了解了变量的使用范围，变量根据使用范围不同，可以分为全局变量和局部变量。

除了函数，Python 还可以利用模块实现代码重用。所谓模块，就是一个包含了一系列函数的 Python 程序文件，同时，将一系列的模块文件放在同一个文件夹中，构成包，包是可以对模块进行层次化管理的有效工具，大大提高了代码的可维护性和重用性。

可以编写自己定义的函数、模块和包，也可以使用 Python 提供的各种包。Python 提供的包也称为内置函数库，前面学过的 Turtle 小海龟便是众多内置函数库中的一个。更重要的是，除了 Python 的内置函数库，全世界还有非常多的程序员编写了实现各种功能的第三方函数库，需要这些功能时，只需将它们的代码导入自己的程序中即可，这种基于大量第三方函数库的编程方式，正是 Python 语言的魅力所在！

5.8　课后习题

扫码在线做习题

一、单选题

1. 如函数定义为 def greet(username):，则下面对该函数的调用不合法的是（　　）。

    A．greet("Jucy")　　　　　　　　　　B．greet('Jucy')

    C．greet( )　　　　　　　　　　　　　D．greet(username='Jucy')

2. 下面程序段的输出为（　　）。

```
a = 1
def fun(a):
    a = 2 + a
    print(a)
fun(a)
print(a)
```

    A．3　　　　　　　B．4　　　　　　　C．3　　　　　　　D．程序编译出错

       1　　　　　　　　1　　　　　　　　2

3. 下面不是内置函数的是（　　）。

    A．dir　　　　　　B．__doc__　　　　C．print　　　　　D．range

二、填空题

1. 引入 foo 模块中的 fun 函数的语句是＿＿＿＿＿＿＿。

2. 只有文件夹中包含特殊文件＿＿＿＿＿＿时，才构成 Python 的包。

3. 如有定义 g=lambda x:2*x+1，则 g(5)输出＿＿＿＿＿＿。

4. 用匿名函数实现：若一个数为奇数，则返回 1，否则返回＿＿＿＿＿。

5. 在函数内部可以通过关键字＿＿＿＿＿＿来定义全局变量。

6. 如果函数中没有 return 语句或者 return 语句不带任何返回值，那么该函数的返回值为＿＿＿。

三、编程题

1. 编写程序，在程序中定义一个函数，计算 1+1/2+1/3+…+1/n。（考虑递归和非递归两种实现方式。）

输入样例：

```
2
```

输出样例：

```
1.5
```

2．小球从 100m 的高度自由落下，每次落地后反弹回原高度的一半；再落下，定义函数 cal 计算小球在第 *n* 次落地时，共经过多少米以及第 *n* 次反弹多高。定义全局变量 Sn 和 Hn 分别存储小球经过的路程和第 *n* 次的高度。主函数输入 *n* 的值，并调用 cal 函数计算输出 Sn 和 Hn 的值。

输入样例：

```
10
```

输出样例：

```
Total of road is 299.609375 meter
The heighth is 0.097656 meter
```

3．编写函数 Sum，可以接收任意多个整数并输出所有整数之和。

输入样例：

```
1 2 3
```

输出样例：

```
6
```

06 第6章 数据结构

学习目标
- 掌握元组和列表等序列结构的操作方法。
- 掌握字符串的常见操作方法。
- 掌握字典数据结构的操作方法。
- 掌握集合数据结构的操作方法。

本章电子课件

为了在计算机程序中表示现实世界中更加复杂的数据，Python 除了提供数字和字符串等数据类型，还提供了元组（Tuple）、列表（List）、字典（Dictionary）和集合（Set）等复杂类型的数据结构。本章将介绍如何使用这些数据结构来表示实际需求中的数据，并对这些数据进行常见的操作处理。

6.1 元组

序列是 Python 中最基本的数据结构，其中最常见的序列包括元组、列表和字符串。元组和列表之间的主要区别是元组不能像列表那样改变元素的值，可以简单地理解为"只读列表"。元组使用小括号()将数据包含起来，而列表使用方括号[]。

元组的主要作用是作为参数传递给函数调用，或是从函数调用那里获得参数时，保护其内容不被外部接口修改。

元组

6.1.1 创建元组

空元组由没有包含任何内容的一对小括号表示。例如：

```
>>> ( )
( )
```

需要特别注意的是：要编写包含单个值的元组，值后面必须加一个逗号。例如：

```
>>> (12,)
(12,)
```

这样做是因为若括号中只有一个数据而没有逗号，则不表示元组。例如，(12)和 12 是完全一样的。

```
>>>(12)
12
```

如果希望创建一个包含多个值的元组，则可以这样做：

```
>>> (1,2,3,4,5,6)
(1, 2, 3, 4, 5, 6)
>>> ('a','b','c','d','e')
('a', 'b', 'c', 'd', 'e')
```

同时，元组中的数据项不需要具有相同的数据类型。例如：

```
>>> ('name','number',2008,2017)
('name', 'number', 2008, 2017)
```

6.1.2　访问元组中的数据

可以使用变量来存放元组数据，还可以使用索引或分片来访问元组中的值。例如：

```
>>> tup = (1,2,3,4,5)
>>> tup[0]              #索引访问，从零开始
1
>>> tup[4]
5
>>> tup[-1]             #反向读取，读取倒数第一个元素
5
>>> tup[1:4]           #使用分片可以访问元组的一段元素
(2, 3, 4)
>>> tup[1:]
(2, 3, 4, 5)
```

6.1.3　元组的连接

前面已经说过元组中的元素值是不允许修改的，但可以使用多个现有元组来创建新的元组。例如：

```
>>> tup1 = (1,2,3,4,5)
>>> tup2 = ('a','b','c','d','e')
>>> tup3 = tup1 + tup2
>>> tup3
(1, 2, 3, 4, 5, 'a', 'b', 'c', 'd', 'e')
```

通过创建新的元组，就可以得到想要的元组数据了。

6.1.4　删除元组

元组中的元素值是不允许删除的，但可以使用 del 语句来删除整个元组。例如：

```
>>> tup = (1,2,3,4,5)
>>> del tup
>>> tup
Traceback (most recent call last):
  File "<pyshell#19>", line 1, in <module>
    tup
NameError: name 'tup' is not defined
```

在上述例子中的最后一条语句中，对 tup 变量的访问之所以会出错，就是因为该变量已经被删除了。

6.1.5 常用元组函数

除了上述基本的元组操作外，还可以使用表 6-1 中的函数来对元组数据进行加工和处理。

表 6-1 内置的元组操作函数

函数名	函数功能
len(tuple)	返回元组长度
max(tuple)	返回元组中的最大值
min(tuple)	返回元组中的最小值
tuple(seq)	把序列转换为元组

6.2 列表

列表是 Python 中最常用的数据结构之一，一个列表中也可以存放多个数据，列表与元组的主要区别是，列表可以改变元素的值。

列表

6.2.1 创建列表

创建一个列表，使用方括号[]将用逗号分隔的元素括起来即可。例如：

```
>>> list1 = [1,2,3,4,5]
>>> list1
[1, 2, 3, 4, 5]
```

列表中的元素也可以是不同的数据类型。例如：

```
>>> list2 = [1,2,3,'a','b','c']
>>> list2
[1, 2, 3, 'a', 'b', 'c']
```

6.2.2 访问列表中的数据

和元组一样，也可以使用索引或分片访问列表中的元素。例如：

```
>>> list2[3]
'a'
>>> list2[3:6]
['a', 'b', 'c']
```

6.2.3 列表赋值

可以将列表数据通过赋值存放到单个变量中，然后通过索引值为列表特定位置的元素赋值。例如：

```
>>> list2 = [1,2,3,'a','b','c']
>>> list2
[1, 2, 3, 'a', 'b', 'c']
>>> list2[2] = 4                    #将列表中的数字 3 用数字 4 替换
>>> list2
[1, 2, 4, 'a', 'b', 'c']
>>> list2[5] = 'd'                  #将字符 c 用字符 d 替换
```

```
>>> list2
[1, 2, 4, 'a', 'b', 'd']
```

还可以通过分片将列表中的一部分元素赋值给新的变量。例如：

```
>>> char = ['a','b','e','f']
>>> char[2:] = ['c','d']
>>> char
['a', 'b', 'c', 'd']
```

除了普通的赋值，列表分片赋值语句可以在不需要替换任何原有元素的情况下，插入新的元素。例如：

```
>>> number = [1,5,6]
>>> number[1:1] = [2,3,4]
>>> number
[1, 2, 3, 4, 5, 6]
```

依此类推，通过分片赋值还可以删除列表中的元素。例如：

```
>>> number = [1, 2, 3, 4, 5, 6]
>>> number[1:4] = []                        #结果和 del number[1:4] 相同
>>> number
[1, 5, 6]
```

6.2.4　删除列表中的元素

使用 del 命令来删除列表中的数据。例如：

```
>>> list2 = [1,2,3,'a','b','c']
>>> del list2[5]
>>> list2
[1, 2, 3, 'a', 'b']
```

6.2.5　列表数据的操作方法

创建完一个列表，可以使用列表的 append 方法向现有的列表中追加新的元素。例如：

```
>>> name = ['Zhao','Qian','Sun','Li']
>>> name.append('Zhou')
>>> name
['Zhao', 'Qian', 'Sun', 'Li', 'Zhou']
>>> name.append('Wu','Zheng')          #使用 append 方法，每次只能在列表末尾追加一个元素
Traceback (most recent call last):
  File "<pyshell#15>", line 1, in <module>
      name.append('Zhou','Wu')
TypeError: append() takes exactly one argument (2 given)
```

从上述例子中，可以知道 append 方法每次只能在列表末尾追加一个元素，如果需要将两个列表合并，则需要使用多次 append 方法。这时，可以通过列表的 extend 方法将新列表扩展到原有列表中。例如：

```
>>> name = ['Zhao', 'Qian', 'Sun', 'Li']
>>> name1 = ['Zhou','Wu','Zheng','Wang']
>>> name.extend(name1)
>>> name
['Zhao', 'Qian', 'Sun', 'Li', 'Zhou', 'Wu', 'Zheng', 'Wang']
```

同时，通过列表的 insert 方法，可以将新元素插入列表指定位置。例如：

```
>>> number = [1,2,3,5,6,7,8]
```

```
>>> number.insert(3,4)          #第一个值 3 是索引，第二个值 4 为要插入的值
>>> number
[1, 2, 3, 4, 5, 6, 7, 8]
```

列表中的 index 方法可以找出某个值的第一个匹配项的索引值，如果列表中不包含要找的数据，Python 会给出相应的报错信息。例如：

```
>>> name = ['Zhao','Qian','Sun','Li','Zhao']
>>> name.index('Zhao')
0
>>> name.index('Wang')
Traceback (most recent call last):
    File "<pyshell#9>", line 1, in <module>
        name.index('Wang')
ValueError: 'Wang' is not in list
```

列表的 count 方法可以用来统计某个元素在列表中出现的次数。例如：

```
>>> list3 = ['a','b','c','d','e','f','e']
>>> list3.count('e')
2
```

列表的 pop 方法可以移除列表中的某个元素（默认是最后一个元素），并返回该元素的值。例如：

```
>>> number = [1,2,3]
>>> number.pop()
3
>>> number
[1, 2]
>>> number.pop(0)
1
>>> number
[2]
```

列表的 remove 方法可以用来移除列表中某个元素的第一个匹配项，与 index 方法一样，如果没有找到相应的元素，则 Python 会产生报错。例如：

```
>>> char = ['a','b','c','a']
>>> char.remove('a')
>>> char
['b', 'c', 'a']
>>> char.remove('d')
Traceback (most recent call last):
  File "<pyshell#24>", line 1, in <module>
    char.remove('d')
ValueError: list.remove(x): x not in list
```

列表的 reverse 方法将列表中的元素反向放置，这个操作也被称为逆置。例如：

```
>>> number = [1,2,3,4,5,6]
>>> number.reverse()
>>> number
[6, 5, 4, 3, 2, 1]
```

列表的 sort 方法可以对列表进行排序，默认的排序方式为从小到大。例如：

```
>>> number = [3,2,1,5,4,6]
>>> number.sort()
>>> number
[1, 2, 3, 4, 5, 6]
```

6.2.6　常用列表函数

除了上述针对列表的操作方法外，还可以使用表 6-2 中的函数来对列表类型的数据进行加工和处理。

表 6-2 　　　　　　　　　　　内置的操作列表的函数

函数名	函数功能
len(list)	求列表中元素的个数
max(list)	求列表中元素的最大值
min(list)	求列表中元素的最小值
list(seq)	将序列转换为列表

6.3　字符串

字符串

字符串或串（**String**）是由数字、字母、下画线组成的一串字符，用一对引号包含。它是编程语言中表示文本的数据类型。通常以串的整体作为操作对象，如在串中查找某个子串、求取一个子串、在串的某个位置上插入一个子串以及删除一个子串等。两个字符串相等的充要条件是：长度相等，并且各个对应位置上的字符都相等。

6.3.1　字符串的表示

字符串是 Python 中最常用的数据类型。可以使用单引号（'）或者双引号（"）来表示字符串。创建字符串很简单，只要为变量赋值即可。例如：

```
>>> var1 = 'Hello World!'
>>> var2 = "python"
```

6.3.2　字符串的截取

可以使用方括号[ ]来截取字符串。例如：

```
>>> var1 = 'Hello World!'
>>> var1[0]
'H'
>>> var1[1:5]
'ello'
>>> var1[5:]
' World!'
```

6.3.3　连接字符串

连接字符串是在原字符串的基础上连接其他字符串形成一个新的字符串。例如：

```
>>> var1 = 'Hello World!'
>>> var2 = 'python'
>>> var1 = var1 + var2
>>> var1
'Hello World!python'
```

也可以使用切片操作，在字符串末尾添加指定长度的字符串。例如：

```
>>> var1 += var2[0:2]
>>> var1
'Hello World!py'
```

6.3.4　格式化字符串

Python 支持格式化字符串的输出，基本的用法是将一个字符串插入另外一个有字符串格式符%的字符串中。例如：

```
>>> 'My name is %s' % ('Tom')
My name is Tom
```

在%左侧放置需要格式化的字符串，右侧放置希望格式化的值。这个值可以是字符串或数字，或者元组、字典。格式化字符串的"%s"部分称为格式说明符，它们标记了需要插入转换值的位置。上例中的 s 表示值会被转换为字符串。表 6-3 列出了可用的格式说明符及其含义。

表 6–3　　　　　　　　　　字符串格式化中格式说明符的含义

格式说明符	含义
%c	格式化单个字符
%s	格式化字符串（使用 str 转换任意 Python 对象）
%d	格式化带符号的十进制整数
%u	格式化不带符号的十进制整数
%o	格式化不带符号的八进制整数
%x	格式化不带符号的十六进制整数（小写）
%X	格式化不带符号的十六进制整数（大写）
%f	格式化十进制浮点数
%e	用科学计数法格式化浮点数（小写）
%E	用科学计数法格式化浮点数（大写）

当格式化操作符的右操作数是元组类型时，元组中的每一个元素都会被单独格式化。例如：

```
>>> '%s plus %s equal %s' % (1,1,2)
'1 plus 1 equal 2'
```

在格式化浮点数时，可以设置浮点数的宽度和精度。字符宽度是转换后的值所保留的最小字符数，精度则是结果中应该包含的小数位数，或者是转换后的值所能包含的最大字符数。宽度和精度这两个参数都是整数并通过（.）分割的。例如：

```
>>> '%10.2f' % 3.1415926    #字段宽 10，精度为 2
'      3.14'
```

在宽度和精度之前还可以放置零进行填充。例如：

```
>>> '%010.2f' % 3.1415926   #用 0 填充
'0000003.14'
```

使用减号来左对齐数值。例如：

```
>>> '%-10.2f' % 3.1415926
'3.14'
```

使用空格在正数前面加上空格。例如：

```
>>> '% d' % 20              #输出结果 20 前面包含一个空格
' 20'
```

```
>>> '% d' % -20                    #输出结果-20 前面没有空格
'-20'
```

使用加号可以在正负数前标出相应的符号。例如：

```
>>> '%+d' % 20
'+20'
>>> '%+d' % -20
'-20'
```

6.3.5　字符串的操作方法

使用字符串的 find()方法在字符串中查找子字符串，并返回子字符串所在位置最左端的索引。注意，find 方法并不返回布尔值，如果返回的是 0，则证明在索引 0 位置找到了子串，若没有找到该子字符串，则返回-1。例如：

```
>>> string = 'I Love Python'
>>> string.find('Love')
2
>>> string.find('name')
-1
```

使用字符串的 join 方法，可以在队列中添加元素，需要注意的是，需要添加的队列元素必须都是字符串类型的数据。例如：

```
>>> seq = ['1','2','3','4','5']
>>> seq1 = '*'
>>> seq1.join(seq)
'1*2*3*4*5'
```

split 方法是 join 方法的逆方法，该方法可以将字符串分割成字符串，在不提供任何分隔符的情况下，该方法默认将空格作为分隔符。例如：

```
>>> string = '1*2*3*4*5'
>>> string.split('*')
['1', '2', '3', '4', '5']
```

strip 方法可以去除字符串两端的空格。例如：

```
>>> string = ' I Love Python'
>>> string.strip()
'I Love Python'
```

使用字符串的 lower()和 upper()方法，将字符串中的大小写进行转换。例如：

```
>>> var1 = 'Hello World!'
>>> var2 = 'python'
>>> var1 = var1.lower()  #将字符串中的字母均转换为小写字母
>>> var1
'hello world!'
>>> var2 = var2.upper()  #将字符串中的字母均转换为大写字母
>>> var2
'PYTHON'
```

6.3.6　其他操作

为了判断某个字符是否包含在字符串中，可以使用 in 运算符得到一个逻辑型的结果，表示运算符左边的字符串是否存在于右边的字符串中。例如：

```
>>> var1 = 'Hello World!'
```

```
>>> 'H' in var1
True
```

6.4 字典

字典

字典是一种通过名称来引用值的数据结构。这种类型的数据结构称为**映射**（**Mapping**）。字典是 Python 中唯一内建的映射类型。字典中的**值**（**Value**）没有特殊的顺序，但都存储在特定的**键**（**Key**）下。

6.4.1 字典的创建

字典由多个键值对组成，键和值之间通过冒号分割，所有的键值对用大括号括起来，键值对之间使用逗号分割。

```
>>> d = {'a':1,'b':2,'C':3,'d':4,'e':5}
```

也可以通过 dict() 函数创建一个空字典。例如：

```
>>> dict()
{}
```

6.4.2 访问字典中的数据

与访问序列元素的方式相似，在中括号中输入键名访问字典中该键对应的值。例如：

```
>>> d['a']
1
```

若访问的键值对不存在，就输出错误。例如：

```
>>> d['f']
Traceback (most recent call last):
  File "<pyshell#3>", line 1, in <module>
    d['f']
KeyError: 'f'
```

6.4.3 修改字典中的数据

向字典中添加新内容的方法是增加新的键值对。例如：

```
>>> d = {'a':1,'b':2,'c':3,'d':4,'e':4}
>>> d['f'] = 5
>>> d
{'a': 1, 'b': 2, 'c': 3, 'd': 4, 'e': 4, 'f': 5}
```

使用 del 命令删除字典中的指定键值对。例如：

```
>>> del d['f']
>>> d
{'a': 1, 'b': 2, 'c': 3, 'd': 4, 'e': 4}
```

如果 del 后直接是字典名，则整个字典将不再存在，此时再访问该字典程序就会报错。例如：

```
>>> del d
>>> d
Traceback (most recent call last):
  File "<pyshell#14>", line 1, in <module>
    d
NameError: name 'd' is not defined
```

与 del 命令不同，使用 clear()方法可以清空字典中的所有项，使字典变为空字典。例如：

```
>>> d = {'a': 1, 'b': 2, 'c': 3, 'd': 4, 'e': 4}
>>> d.clear()
>>> d
{}
```

6.4.4　字典的操作方法

字典的 copy 方法返回一个具有相同键值对的新字典（这个方法实现的是浅复制，因为值本身是相同的，而不是副本）。例如：

```
>>> x = {'a':1,'b':[2,3,4]}
>>> y = x.copy()
>>> y['a'] = 5
>>> y['b'].remove(3)
>>> y
{'a':5,'b':[2,4]}
>>> x
{'a':1,'b':[2,4]}
```

可以看出在副本中替换值时，原始字典并不受影响，但是如果修改了某个值，原始字典就会改变，这种方式称为浅复制。避免这个问题的方法是使用深复制 deepcopy()来复制其包含的所有值。例如：

```
>>> import copy
>>> x = {'a':[1],'b':[2,3,4]}
>>> y = x.copy()
>>> z = copy.deepcopy(x)
>>> x['a'].append(5)
>>> y
{'a': [1, 5], 'b': [2, 3, 4]}    #使用浅复制不会创建元素的拷贝，保留了对原数据中内容的引用
>>> z
{'a': [1], 'b': [2, 3, 4]}       #使用深复制会创建新的数据拷贝，元素的内容不会反映出原数据的变化
```

字典的 fromkeys 方法使用给定的键建立新的字典，每个键默认对应的值为 None，可以直接在所有字典的 dict 类型上调用此方法。如果不想使用默认值，也可以自己提供值。例如：

```
>>> {}.fromkeys(['name','age'])
{'age':None,'name':None}
>>> dict.fromkeys(['name','age'],'unknow')
{'age':'unknow','name':'unknow'}
```

字典的 get 方法是个更宽松的访问字典项的方法。当使用 get 方法访问一个不存在的键时，会得到 None 值。还可以自定义默认值，替换 None。例如：

```
>>> d = {}
>>> print(d.get('name')
None
>>> d.get("name",'N/A')
'N/A'
>>> d['name'] = 'Eric'
>>> d.get('name')
'Eric'
```

字典的 keys()方法返回一个表示字典中所有键的可迭代对象，可以使用 list()来转换为列表。例如：

```
>>> d = {'name':'Tom','age':28}
>>> d.keys()
dict_keys(['name', 'age'])
>>> list(d.keys())
['name', 'age']
```

字典的 items 方法将所有的字典项以列表方式返回，但是列表中的每一项（键,值）返回时并没有特殊的顺序。iteritems 方法的作用大致相同，但是会返回一个迭代器对象而不是列表。例如：

```
>>> d = {'a':1,'b':2,'c':3}
>>> d.items()
dict_items([('a', 1), ('b', 2), ('c', 3)])
>>> list(d.items())
[('a', 1), ('b', 2), ('c', 3)]
>>> it = d.iteritems()
>>> it
<dictionary-iteritems object at 169050>
>>> list(it)
[('a',1),('b',2),('c',3)]
```

字典的 pop 方法用来获得对应给定键的值，然后将这个键值对从字典中移除。例如：

```
>>> d = {'a':1,'b':2,'c':3}
>>> d.pop('a')
>>> d
{'b':2,'c':3}
```

字典的 setdefault 方法在某种程度上类似于 get 方法，就是能够获得与给定键相关联的值，还能在字典中不含有给定键的情况下设定相应的键值。例如：

```
>>> d = {}
>>> d.setdefault('name','N/A')
'N/A'
>>> d
{'name': 'N/A'}
>>> d.setdefault('name','New Value')
'N/A'
```

在上例中，当指定的键存在时，返回默认值（可选）并相应更新字典；如果键不存在，那么返回与其对应的值，但不改变字典。

字典的 update 方法可以利用一个字典项更新另一个字典。提供的字典项会被添加到旧的字典中，若有相同的键，则会覆盖。例如：

```
>>> d = {'a':1,'b':2,'c':3}
>>> x = {'a':5,'d':6}
>>> d.update(x)
>>> d
{'a': 5, 'c': 3, 'b': 2, 'd': 6}
```

字典的 values()方法返回一个迭代器，可以使用 list()来转换为列表，列表为字典中的所有值。与使用 keys 方法得到的返回键的列表不同的是，返回值列表中可以包含重复的元素。例如：

```
>>> d = {1:1, 2:2, 3:3, 4:1}
>>> d.values()
dict_values([1, 2, 3, 1])
>>> list(d.values())
[1, 2, 3, 1]
```

6.4.5 常用的字典函数

除了上述针对字典的操作方法，还可以使用表 6-4 中的函数来对字典类型的数据进行加工和处理。

表 6-4　　内置的字典操作的函数

函数名	函数功能
len(dict)	计算字典中元素的个数
str(dict)	输出字典可打印的字符串表示

6.4.6 嵌套字典

有的时候，需要把字典中的元素设置为另一个字典数据，从而创建一个嵌套字典。例如：

```
>>> peopleInfo = {'Tom':{'phonenumber':'2354','addr':'street4'},
            'Suan':{'phonenumber':'9123','addr':'street7'},
            'Nick':{'phonenumber':'5789','addr':'street10'}}
>>> peopleInfo['Tom']
{'addr': 'street4', 'phonenumber': '2354'}
>>> peopleInfo['Tom']['phonenumber']
'2354'
```

在嵌套字典的创建过程中，可以通过键来得到相应的值，而相应的值又是由字典构成的，可以再次利用其键得到内部嵌套字典的值。

6.5 集合

Python 的集合（Set）和数学中的定义一致，是一个无序不重复元素集。

6.5.1 创建集合

Python 中使用 set()函数创建集合。例如：

```
>>> set('123456')
{'1', '4', '3', '6', '2', '5'}
```

集合的一个重要特点就是内部元素不允许重复。例如：

```
>>> set('aabbccddee')
{'b', 'd', 'a', 'e', 'c'}
```

6.5.2 集合数据的添加与删除

添加集合数据有两种方法，分别是 add 和 update。

集合的 add 方法是把传入的元素作为一个整体传入集合中。例如：

```
>>> a = set('I Love')
>>> a.add('python')
>>> a
{'o', 'v', 'I', 'e', 'python', ' ', 'L'}
```

集合的 update 方法是把要传入的元素拆分，作为个体传入集合中。例如：

```
>>> a = set('I Love')
>>> a.update('python')
>>> a
{'h', 'o', 'p', 'v', 't', 'I', 'e', 'n', 'y', ' ', 'L'}
```

删除集合数据的方法为 remove，可以删除集合中已有的数据元素，其使用如下。

```
>>> a = set('12345')
>>> a.remove('5')
>>> a
{'1', '4', '3', '2'}
```

6.5.3 集合的数学运算

与数学中集合的概念一致，Python 中的集合也有同样的运算操作，Python 中的集合运算既可以使用运算符实现，也可以使用集合的方法来实现，具体内容见表 6-5。

表 6-5　　　　　　　　　　　　　集合运算的实现方法

数学符号	含义	Python 运算符	集合的方法
A − B	A 和 B 的差集	A−B	A.difference(B)
A ∩ B	A 和 B 的交集	A&B	A.intersection(B)
A ∪ B	A 和 B 的并集	A|B	A.union(B)
A ≠ B	A 不等于 B	A!=B	
A=B	A 等于 B	A= =B	
a ∈ A	a 属于 A	a in A	
a ∉ A	a 不属于 A	a not in A	
A ⊆ B	A 是 B 的子集	A<=B	A.issubset(B)
A ⊂ B	A 是 B 的真子集	A<B	
A ⊇ B	B 是 A 的子集	A>=B	A.issuperset(B)
A ⊃ B	B 是 A 的真子集	A>B	

下面通过例子说明 Python 中集合的并、交、差运算。

```
>>> a = set('abc')
>>> b = set('bcd')
>>> c = a&b
>>> c
{'c', 'b'}
>>> d = a | b
>>> d
{'c', 'b', 'd', 'a'}
>>> e = a - b
>>> e
{'a'}
```

6.6 本章小结

通过本章的学习，我们掌握了处理 Python 中复杂数据类型，包括元组、列表、字符串、字典和集合的相关知识。

序列是 Python 中最基本的数据结构，其中最常见的序列包括元组、列表和字符串。元组就像列表一样。元组和列表之间的主要区别是元组不能像列表那样改变元素的值，可以简单地理解为"只读列表"。元组使用小括号()将数据包含起来，而列表使用方括号[]。

列表中的数据可以进行任意的添加、修改和删除，还可以使用 index 或者 find 函数查找元素；为了让列表保存复杂而庞大的数据内容，有时还会嵌套使用列表，即列表中包含的元素也是列表数据类型的。

除了元组和列表，字符串也是序列类型数据之一，字符串或串（String）是由数字、字母、符号组成的一串字符，用一对引号包含。它是编程语言中表示文本的数据类型。对于序列类型的数据，必须掌握对其进行切片操作的正确方法。当方括号中的序号为正数时，表示从左往右计数，序号为负数时，表示该序号为从序列的尾部向头部计数得到的值，即从右往左计数的值。

字典是一种通过名称来引用值的数据结构。这种类型的数据结构称为映射（Mapping）。字典是

Python 中唯一内建的映射类型。字典中的值没有特殊的顺序，但是都存储在特定的键下。和列表类似，字典中的数据也可以进行任意的添加、修改、删除，唯一不同的是，无法使用一个序号来表示字典中的数据，而是使用键的定义。

Python 的集合（Set）是一个无序不重复元素集，它的操作与数学中的操作方式保持一致，通过集合运算符可以完成并、交、差等集合运算。

这些复杂数据类型能够帮助程序员更好地表示现实生活中的各种数据，从而提升使用计算机解决现实问题的能力。只有使用合适的数据结构来表示需要处理的数据，才能迅速有效地输入、处理并输出数据。请记住：一个完整的程序=数据结构+算法。

6.7 课后习题

扫码在线做习题

一、单选题

1. 关于列表，下面描述不正确的是（   ）。

    A. 元素类型可以不同   B. 长度没有限制

    C. 必须按顺序插入元素   D. 支持 in 运算符

2. 下列方法仅适用于列表，而不适用于字符串的是（   ）。

    A. count()   B. sort()   C. find()   D. index()

3. 下列程序的输出结果是（   ）。

```
a = [10, 20, 30]
print(a * 2)
```

    A. [10, 20, 30, 10, 20, 30]   B. [20, 40, 60]

    C. [11, 22, 33]   D. [10, 20, 30]

4. 表达式(12, 34, 56) + (78)的结果是（   ）。

    A. (12, 34, 56, (78))   B. (12, 34, 56, 78)

    C. [12, 34, 56, 78]   D. 程序出错

5. 下列程序的输出结果是（   ）。

```
sum=0
for i in range(10):
        sum+=i
print(sum)
```

    A. 0   B. 45   C. 10   D. 55

6. 关于元组数据结构，下面描述正确的是（   ）。

    A. 支持 in 运算符   B. 所有元素数据类型必须相同

    C. 插入的新元素放在最后   D. 元组不支持切片操作

7. 元组和列表都支持的方法是（   ）。

    A. extend()   B. append()   C. index()   D. remove()

8. 在字典中查找一个键和查找一个值，哪个速度更快些?（   ）

    A. 同样快   B. 值   C. 键   D. 无法比较

9. 下列语句的执行结果为（   ）。

```
{1, 2, 3}& {3, 4, 5}
```

A. {3}　　　　　　　　　　　　　　B. {1, 2, 3, 4, 5}

C. {1, 2, 3, 3, 4, 5}　　　　　　　　D. 程序出错

10. 下列语句，哪个不能创建一个字典？（　　　）

A. { }　　　　　　　　　　　　　　B. dict(zip([1, 2, 3], [4, 5, 6]))

C. dict([(1, 4), (2, 5), (3, 6)])　　　D. {1, 2, 3}

二、填空题

1. 下列程序的输出结果是_____。

```
a = [10, 20, 30]
b = a
b[1] = 40
print(a[1])
```

2. 下列程序的输出结果是_____。

```
def fun(lst):
    lst = [4, 5, 6]
lst = [1, 2, 3]
fun(lst)
print(lst)
```

3. 下列程序的输出结果是_____。

```
def fun(list):
    list = [4, 5, 6]
    return list
a = [1, 2, 3]
fun(a)
print(a[1])
```

4. 下列表达式的返回结果是_____。

```
[n*n for n in range(6) if n*n % 2 ==1]
```

三、编程题

请定义一个 prime() 函数求整数 n 以内（不包括 n）的所有素数（1 不是素数），并返回一个素数列表。

输入样例：

```
20
```

输出样例：

```
[2,3,5,7,11,13,17,19]
```

07 第7章 异常处理和文件操作

学习目标
- 掌握异常处理的方法。
- 掌握断言的使用。
- 掌握打开文件、读文件和写文件的方法。

本章电子课件

　　程序在编制的过程中，难免包含各种各样的缺陷和错误，虽然我们已经尽可能编写正确的程序代码，但这并不足以消灭所有导致程序出错的因素，所以，必须学会使用异常处理机制来削弱可能发生的错误对程序执行产生的负面作用。

7.1 异常处理

　　用 Python 语言编写的程序代码中包含 3 种错误，分别是语法错误、语义错误和运行时错误。因为包含语法错误的程序无法顺利被计算机识别，所以 Python 解释器会帮助我们在运行程序之前就修正各种语法错误。语义错误是程序员采用了错误的算法导致的，可以通过反复运行程序，

异常处理

输入各种类型的测试数据，然后观察程序的运行结果发现并修正此类错误。而运行时错误往往是程序在执行过程中遇到了开发人员没有考虑到的一些特殊情况导致的，所以软件开发单位一般无法在软件发布前消灭所有的运行时错误，此时，为了提高软件的容错性、改善软件在遇到错误时的用户体验，Python 提供了一种名为异常处理的机制，这种机制帮助程序更好地应对执行过程中遇到的特殊情况，避免软件系统因为遇到错误而直接崩溃。

　　例如，编写程序提示用户从键盘上输入两个整数，打印这两个整数的实数商。新建空白程序，代码如下。

```
# 例 7.1 打印两个整数的相除结果
a=36
lst=[2,4,0,3]
for num in lst:
    print(a/num)
```

这个程序可以运行，运行之后会产生如下结果。

```
18.0
9.0
ZeroDivisionError: division by zero
```

其中, 18 是 36/2 的结果, 6 是 36/4 的结果, 而因为 36/0 的除数为 0, 所以就报错 ZeroDivisionError 这种错误就是运行时错误, 也就是异常。其特点是只有在程序执行过程中, 执行到会出异常的语句时才会发生。在本程序中, 异常发生以后, 整个程序会停止运行, 不管后面还有多少未执行的语句, 因此以上程序未输出 36/3 的结果 12。

显然, 如果软件开发单位提供给用户的是这样的程序, 用户一定不会满意, 软件系统的用户更希望程序在遇到错误时能够提供友好的提示, 并对错误的操作提出修改建议, 异常处理机制就是这样一种发现异常并处理异常的机制。

7.1.1 try…except 语句

以下为简单的 try…except 的语法。

```
try:
    <语句块 1>          #运行的代码
except <异常 1>:        # "异常 1" 是发生的异常的名称, 可以省略
    <语句块 2>          #如果在 try 部分引发了 "异常 1", 则执行语句 2
```

用这个结构修改程序, 代码如下。

```
# 例 7.2 带异常处理机制的打印两个整数的实数商
a=36
nums=[2,4,0,3]
for num in nums:
    try:
        print(a/num)
    except ZeroDivisionError:
        print("%d is divided by 0" % a)
```

try 的中文意思为尝试, 也就意味着 try 语句将会告诉计算机以下代码可能会遇到异常, 接下来在该代码块下方写上 except 关键字, 单词 except 的意思为除……之外, 表示下方的代码将告诉计算机遇到异常的处理步骤, except 后跟上可能发生的异常的名称, 这里是 ZeroDivisionError, 语句 print("%d is divided by 0" % a)输出发生 ZeroDivisionError 异常后的提示信息。这段代码的运行结果如下。

```
18
9
36 is divided by zero
12
```

可以看到, 36/3 的结果也输出了, 也就是后面的语句也正常执行了。当不知道发生的异常的名称时, 异常名可以省略, 比如以上代码的 ZeroDivisionError 可以去掉。在 Python 中, 每一种异常都有一个名称, 如果会发生多个异常, 则需要用异常名区分, 如以下代码所示。

```
# 例 7.3 在程序中处理不同类型的异常
a=36
nums=[2,4,0,3]
for i in range(5):
    try:
        print(a/nums[i])
    except ZeroDivisionError:
        print("%d is divided by 0" % a)
    except IndexError:
        print("Index out of list bounds")
```

在上述代码中，总共发生了两个异常：当 i 值是 2 时，发生除 0 异常；当 i 值是 4 时，由于列表 nums 只有 4 个元素，最大下标是 3，发生列表访问越界异常。所以以上代码的执行结果如下。

```
18
9
36 is divided by 0
12
Index out of list bounds
```

7.1.2 finally 语句

为了防止 try 中的语句块没有正常执行完毕，从而导致产生其他的错误，还需要给异常处理机制加上一个善后功能，使用 finally 关键字包含一段无论异常有没有发生，都会执行的代码块，finally 包含的代码块一般用来释放 try 语句块中已执行代码所占用的各类计算机资源，防止计算机资源耗尽而导致整个计算机系统崩溃。例如，在本程序中加入 finally 语句，并在其中增加一条对应的 print 语句。

```
# 例 7.4 加入 finally 语句的异常处理示例
a=36
nums=[2,4,0,3]
for i in range(5):
    try:
        print(a/nums[i])
    except:
        print("Exception happened")
    finally:
        print("%d times" % i)
```

当只知道发生异常而不知道发生什么异常时，可以省略异常名。无论 try 语句包含的代码块是否执行完毕，finally 中的 print 语句都被执行了，其内容被打印在了屏幕上。

7.2 断言

使用 assert 断言是学习 Python 一个非常好的习惯，在没完善一个程序之前，我们不知道程序在哪里会出错，与其让它在运行时崩溃，不如在出现错误条件时就崩溃，这时就需要 assert 断言的帮助。

断言语句等价于这样的 Python 表达式：如果断言成功，就不采取任何措施，否则触发 AssertionError（断言错误）的异常。断言的语法如下。

```
assert expression[, arguments]
```

如果 expression 表达式的值为假，就会触发 AssertionError 异常，该异常可以被捕获并处理；如果 expression 表达式的值为真，则不采取任何措施。例如，以下几个 assert 中的表达式的值为真，不产生任何输出。

```
# 例 7.5 不会产生异常的断言语句示例
assert 1==1
assert 2+2==2*2
assert len(['my boy',12])<10
assert list(range(4))==[0,1,2,3]
```

以下几个 assert 中的表达式的值为假，会抛出异常。

```
#例 7.6 将会触发 AssertionError 异常的语句示例
assert 2==1
assert len([1, 2, 3, 4]) > 4
```

对例 7.4 进行改造，代码如下。

```
#例 7.7 包含断言机制的程序代码示例
a=36
nums=[2,4,0,3]
assert len(nums)>=5          #判断列表 nums 的长度是否大于 5，不成立则不执行下面的代码
for i in range(5):
    assert nums[i]!=0        #判断列表中是否存在 0，若存在，则数据不合法，不进行下一步运算
for i in range(5):
    print(a/nums[i])
```

以上代码在做除法运算前，判断列表长度的合法性，如果合法就继续往下；再判断列表中数据的合法性，如果数据中不存在 0，则继续往下执行。以上代码执行后会出现以下结果。

```
Traceback (most recent call last):
  File "C:/python-course/code/7-2.py", line 3, in <module>
    assert len(nums)>=5
AssertionError
```

由于列表 nums 的实际长度小于 5，所以第三行的 assert 语句被触发，抛出 AssertError 异常，该异常可以用 try…except 语句捕获并处理。

7.3 文件操作

文件可以存储很多不同类型的信息，一个文件可以包含文本、图片、音乐、计算机程序、电话号码表等内容，计算机硬盘上的所有内容都以文件的形式存储。程序就是由一个或多个文件构成的。计算机的操作系统（如 Windows、macOS 或 Linux）需要很多很多文件才能运行起来。

大多数操作系统（包括 Windows）的文件名中有一部分用来指示文件中包含什么类型的数据。文件名中通常至少有一个点（.），点后面的部分指出了文件的类型，这一部分称为扩展名。每个文件都要存储在计算机中的某个位置，为了找到文件所处的位置而经历的一系列文件夹序列称为路径，路径描述了文件在文件夹结构中的位置，如 C:/Windows/regedit.exe 和 D:/python/chapter7/data.txt 等，其中，.exe 和.txt 表示文件的扩展名。

文件路径中的斜线（\ 和 /）一定要正确使用，Windows 在路径名中可以接受斜线（/），也可以接受反斜线（\），不过如果在 Python 程序中使用类似 C:\test_results.txt 的路径，\t 部分会带来问题，前面介绍过一些用于打印格式化的特殊字符，如\t 表示制表符，应当避免在文件路径中出现\字符，

所以应当使用/。另一种选择是使用双反斜线，如 C:\\test_results.txt。

在知道文件所在路径之后，Python 语言可以对文件进行操作，一个完整的文件操作步骤如下。

（1）打开文件。

（2）读文件或写文件。

（3）关闭文件。

在文件操作前，必须先打开文件，然后进行文件读写操作，最后关闭文件。其中，读操作和写操作是主要的文件操作，以下分别进行介绍。

7.3.1　写文件操作

以下代码演示了一个打开文件、写文件、关闭文件的例子。

```
# 例 7.8 写文件操作示例
wfile = open("D:/li07-1.txt", 'w')    #以写的方式打开文件 D:/li07-1.txt，得到文件操作对象 wfile
wfile.write("Tiger\n")                 #在文件中写入一行字符串“Tiger”
wfile.write("Dog\n")                   #在文件中写入一行字符串“Dog”
wfile.write("Cat\n")                   #在文件中写入一行字符串“Cat”
wfile.close()                          #文件写入完毕，关闭文件
```

以上代码运行之后，会在 D 盘根目录下创建一个名为 li07-1.txt 的文件，并在文件中写入三行字符串，分别为“Tiger”“Dog”“Cat”。

第一行代码 wfile = open("D:/li07-1.txt", 'w') 调用 open 函数以写的方式打开文件 D:/li07-1.txt。open 函数的参数有以下两个。

（1）第一个参数表示文件的所在位置，即文件的路径和文件名，如果省略文件路径，则表示操作的文件与当前程序文件在同一个文件夹下。

（2）第二个参数表示打开文件的方式，此处使用字符 w 作为第二个参数的内容，w 是单词 write 的第一个字母，表示以写入方式打开文件，产生的结果是新建文件，并覆盖原同名文件。

open 函数的执行结果为返回一个文件对象，将该对象保存在变量 wfile 中，接着就可以通过 wfile 对象来操作对应的文件了。

第二行代码 wfile.write("Tiger\n")调用 wfile 的 write 函数将字符串“Tiger”写入对应的文件中，由于 write 函数不会自动换行，所以需要在“Tiger”末尾加上换行符“\n”手动换行。

第三行和第四行代码分别调用 wfile 的 write 函数将字符串“Dog”和“Cat”写入文件中。

第五行代码调用 wfile 的 close 函数关闭文件释放资源，文件关闭后无法再对文件进行写操作，除非再次使用 open 函数打开文件。

以上代码每次运行都会用新建的文件覆盖原来的文件，所以不管运行多少次，文件中的内容一成不变。如果希望在原有文件的基础上对文件追加数据，而不覆盖掉原文件，可以采用以下代码。

```
# 例 7.9 以追加方式打开文件示例
wfile = open("D:/li07-1.txt", 'a')
wfile.write("Horse\n")
wfile.write("Cow\n")
wfile.write("Sheep\n")
wfile.close()
```

以上代码以“a”的方式打开文件，“a”是英文单词 append 的第一个字母，意思为“追加”，代

码执行后会在文件"D:/li07-1.txt"的末尾追加三行字符串"Horse""Cow"和"Sheep"，运行多次则多次追加。以"a"方式打开文件时，如果被打开的文件不存在，则会自动创建文件。

7.3.2 读文件操作

介绍完文件的写入，下面介绍文件的读取，为了读取刚才建立的文件，将表示打开方式的参数改为 r，字符 r 是单词 read 的第一个字母，表示以读取方式打开文件，接着，将文件写入语句改为文件读取语句，并为读取的内容赋值，存放到变量中，然后在程序的最后增加输出语句，检验读取的内容，代码如下。

```
# 例7.10 读文件操作示例
rfile = open("D:/li07-1.txt", 'r')
text=rfile.read()
rfile.close()
print(text)
```

第一行代码使用"r"模式打开 D 盘中的数据文件 li07-1.txt，第二行代码调用 read()函数从文件中读取全部文本并保存到 text 变量中，第三行代码关闭文件，第四行代码将读取的文本输出到屏幕上。保存并运行程序，这时，会看到数据文件中的内容已经被顺利打印到了屏幕上。

除了 read()函数之外，还可以用 readline()按顺序读取文件的一行，代码如下。

```
# 例 7.11 使用 readline 函数读取文件的一行
rfile = open("D:/li07-1.txt", 'r')
line1=rfile.readline()
line2=rfile.readline()
rfile.close()
print(line1)
print(line2)
```

以上代码调用两次 readline()函数读取两行，分别保存到 line1 和 line2 变量中，注意读取行时会把换行符也一并读取，所以以上代码的运行结果如下。

```
Horse

Cow

```

每一次输出相当于换了两次行，第一次换行是从文件中读取的'\n'，第二次换行是 print 函数的自动换行。

还可以调用 readlines()读取文件中的所有行，代码如下。

```
# 例 7.12 使用 readlines 函数读取文件中的所有行
rfile = open("D:/li07-1.txt", 'r')
lines=rfile.readlines()
rfile.close()
for line in lines:
    line=line.replace('\n','')
    print(line)
```

以上代码调用 readlines()函数读取文件中的所有行，返回一个 list 型变量，保存到变量 lines 中，同样地，该函数读取的每行后面会保留换行符'\n'。第四行代码开始使用 for 循环输出 lines 中的每个元素，调用 print()函数输出前，先使用字符串的 replace()函数消除换行符'\n'。

　　现在做一个有趣的实验，将文件夹中的数据文件 D:/li07-1.txt 删除，再一次执行程序，会发现这一次程序出错了，报错信息提示程序产生了一个名为 IOError 的异常，原因是计算机无法找到指定的文件，这时，你一定会想到上一节课学习的异常处理机制，因为文件访问是一个会遇到各种特殊情况的操作，除了像当前这种找不到对应文件的异常以外，还可能发生希望操作的文件正在被其他软件占用，又或者程序无权访问指定的文件等异常，为了更好地处理异常，使用 try 语句包含本程序中的代码，并使用 except 语句进行相应的处理，代码如下。

```python
# 例 7.13 在文件读写操作中引入异常处理机制
try:
    rfile = open("D:/li07-1.txt", 'r')
    lines=rfile.readlines()
    rfile.close()
    for line in lines:
        line=line.replace('\n','')
        print(line)
except IOError:
    print("File not found")
```

　　增加 except 语句，并在语句块内提示用户程序文件不存在，保存并执行程序，这一次看到屏幕上没有了红色的报错信息，取而代之的是设定好的提示信息。

　　以上每一段代码都要调用 close() 函数关闭打开的文件，无论程序能够执行到哪里，最后一定要释放占用的文件资源，这就要用到接下来要学习的 with 语句，在操作执行完毕后，自动释放代码占用的资源。

7.3.3　with 语句

　　在实际的代码编写过程中，程序员偶尔会在打开文件后忘记关闭它们，这会造成再一次打开同一文件时产生错误。为了防止在程序中出现类似的错误，通常会使用 with 语句将占用资源并可能产生异常的语句包含起来，让 Python 帮助我们实现自动化的资源管理方案。

```python
# 例 7.14 使用 with 语句管理文件文件资源示例
try:
    with open("D:/li07-1.txt", 'r') as rfile:
        lines=rfile.readlines()
        for line in lines:
            line=line.replace('\n','')
            print(line)
except IOError:
    print("File not found")
```

　　在以上代码的 try 代码块中插入 with 语句，并将原来打开文件的代码放置在 with 语句后，使用 as 关键字取代原来的赋值语句，再将下方读取文件内容的语句放置在 with 语句块中。with 语句的作用是无论语句块中的代码是否能够执行完毕，最终都会释放语句块占用的资源，结合例 7.14，即无论程序是否能够正常打开文件或者读取文件中的内容，最终都一定会将打开的文件关闭，所以可以将接下来的文件关闭语句删除，让程序变得更加简洁清晰。保存并运行程序，由于当前文件夹不存在对应的数据文件，所以看到了错误提示，同时 with 语句将释放这段代码占用的文件资源。

7.4　本章小结

本章介绍了异常处理、断言、文件处理的相关知识。

异常处理用于处理程序运行时发生的错误，主要的关键字包括 try、except 和 finally。其中，try 语句用于尝试执行代码，如果发生异常，则用 except 抓取异常并进行处理，不管是否发生异常，finally 语句都会被执行。

断言的关键词是 assert，如果 assert 后的语句结果为假，则会抛出 AssertionError 异常，用于限定程序顺利执行的前提条件，如果前提条件不满足，则使代码提前结束。

文件操作包括打开文件、写文件、读文件、关闭文件等操作。打开文件的函数是 open()，该函数的第一个参数是文件路径，第二个参数是文件打开方式，有 w（写）、a（追加）、r（读）等 3 种打开方式；写文件的函数是 write()；3 个读文件的函数分别是用于读取文件中全部文本的 read() 函数、用于读取一行的 readline() 函数和用于读取所有行的 readlines() 函数。读文件时可能会发生文件不存在的异常，需要用 try…except 语句进行处理。关闭文件的函数是 close()，用于释放打开文件占用的资源，使用 with 语句可以自动释放资源。

7.5　课后习题

扫码在线做习题

一、单选题

1. Python 语言可以处理的文件类型是（　　　）。

    A. 文本文件和二进制文件　　　　　　B. 文本文件和数据文件

    C. 数据文件和二进制文件　　　　　　D. 以上答案都不对

2. 若用 open() 函数打开一个文本文件，文件不存在则创建，存在则完全覆盖，则文件打开模式是（　　　）。

    A. "r"　　　　　　B. "x"　　　　　　C. "w"　　　　　　D. "a"

3. 要对 E 盘 myfile 目录下的文本文件 abc.txt 进行读操作，文件打开方式应为（　　　）。

    A. open("e:\myfile\abc.txt", "r")　　　　B. open("e:\myfile\abc.txt", "x")

    C. open("e:\myfile\abc.txt", "rb")　　　D. open("e:\myfile\abc.txt", "r+")

4. 下列不是 Python 对文件的写操作的方法是（　　　）。

    A. write()　　　B. next()　　　C. writelines()　　　D. seek()

5. 下列哪个保留字不能用于异常处理？（　　　）

    A. try　　　　B. except　　　C. finally　　　D. if

6. 下列程序段在运行时输入"yes"，则输出结果是（　　　）。

```
try:
    x=eval(input())
    print(x**2)
except NameError:
    print("ok")
```

    A. "yes"　　　B. "ok"　　　C. 程序出错　　　D. 没有输出

二、填空题

1. 使用 open("f1.txt","a")打开文件时，若 f1 文件不存在，则＿＿＿＿＿＿＿文件。

2. readlines()函数是从文件中读入所有的行，将读入的内容放入一个列表中，列表中的每一个元素是文件的＿＿＿＿＿＿＿＿＿＿内容。

3. 用 try…except 来处理异常，except 语句后面通常放＿＿＿＿＿＿＿＿＿＿，当 except 语句后面什么都不放时，表示可以处理其他所有的异常。

08 第8章 面向对象编程

设计一个功能强大且易于被人们掌握的程序设计语言，一直是编程语言发展的目标。早期的程序设计语言是面向过程（Procedure Oriented）的，其主要设计目标是解决现实中的某个具体的计算问题，而现在流行的大多数程序设计语言是面向对象（Object Oriented）的，这类语言的设计目标是用计算机程序来描述现实世界某类问题的相关特征，从而提升计算机程序解决实际问题的能力。Python 正是众多面向对象的编程语言之一。

8.1 类和对象

面向对象编程是模拟人类认识事物的方式的编程方法，是最有效的编程方法之一。人类通过将事物进行分类来认识世界。比如，人类将自然界中的事物分为生物和非生物，将生物分为动物、植物、微生物，将动物分为有脊椎动物和无脊椎动物，继而又分为哺乳类、鸟类、鱼类、爬行类等，哺乳类又分为猫、狗、牛、羊等。每一个类的个体都具有一些共同的属性，在面向对象编程中，个体被称为**对象**，又称为**实例**。在本章的学习中，**类**、**对象**、**实例**是 3 个常用的术语。

我们将通过面向对象编程，编写表示现实世界中的类，并基于这些类来创建对象。编写类时，定义一大类对象都有的通用行为。基于类创建对象时，每个对象都自动具备这种通用行为，然后可根据需要赋予每个对象独特的个性。使用面向对象编程可模拟现实情景，其逼真程度达到了令人惊讶的地步。

根据类来创建对象被称为实例化，这让我们能够使用类的实例。本章将编写一些类并创建其实例；将指定可在实例中存储什么信息，定义可对这些实例执行哪些操作；还将编写一些类来扩展既有类的功能，让相似的类能够高效地共享代码。

理解面向对象编程有助于真正明白自己编写的代码：不仅是各行代码的作用，还有代码背后更宏大的概念。了解类背后的概念可培养逻辑思维，让我们能够通过编写程序来解决遇到的几乎所有问题。

类还能让我们与其他程序员更轻松地合作：如果与其他程序员基于同样的逻辑来编写代码，就能明白对方所做的工作，编写的程序将能被众多合作者理解，每个人都能事半功倍。

8.1.1　Person 类的定义与实例化

接下来定义人的类 Person 类，人有名字（name）、性别（gender）、体重（weight）等属性，根据这个说明，我们可以定义 Person 类并创建 Person 对象，代码如下。

```
# 例 8.1 类的定义和实例化示例
#代码块 1：类的定义
class Person:
    def __init__(self):
        self.name='韩信'
        self.gender='男'
        self.weight=70
        print('An instance created')
#代码块 2：类的实例化
p1=Person()
print(p1.name)
print(p1.gender)
print(p1.weight)
```

在以上代码中，代码块 1 定义了 Person 类，说明如下。

（1）class 是定义类的关键字，Person 是类名，在 Python 定义类的格式是"class 类名"，这是一个固定格式。

（2）这个类中只有一个函数，类中的函数也称为"方法"，该方法的名称为__init__，前面学到的有关函数的一切都适用于方法，唯一重要的差别是调用方法的方式。__init__()不是普通方法，是一个特殊的方法，其作用是：每当根据 Person 类创建新实例时，Python 都会自动运行它。在这个方法的名称中，开头和末尾各有两个下画线，这是一种约定，旨在与普通方法区分。

（3）在__init__()方法的定义中，形参 self 必不可少，还必须位于其他形参的前面。为何必须在方法定义中包含形参 self 呢？因为 Python 调用__init__() 方法来创建 Person 实例时，将自动传入实参 self，每个与类相关联的方法调用都自动传递实参 self，让实例能够访问类中的属性和方法。创建 Person 实例时，Python 将调用 Person 类的方法__init__()，self 会自动传递，因此我们不需要传递它。

（4）__int__()方法中有 3 条赋值语句，定义了 3 个变量 name、gender 和 weight，这 3 个变量都有前缀 self。以 self 为前缀的变量都可供类中的所有方法使用，还可以通过类的任何实例来访问这些变量。self.name='韩信'将变量 name 赋值为"韩信"，然后该变量被关联到当前创建的实例。self.gender='男'和 self.weight=70 的作用与此类似。像这样带有前缀 self 的、可通过实例访问的变量称为属性。

（5）__int__()方法的最后一条语句输出一句话。

代码块 2 紧接在类 Person 的定义语句后面，是使用类 Person 创建对象的代码，创建了一个名为 p1 的 Person 对象，也称为 Person 实例。代码块 2 的解释如下。

（1）使用 Person()创建一个对象，并赋值给 p1 对象变量，p1 是这个对象的对象名，在创建对象时自动调用 Person 类的__init__()方法。

（2）使用"."号访问 p1 的属性，包括 name、gender、weight，"."符号是访问对象的属性和方法的特殊符号。

运行结果如下。

```
An instance created
韩信
男
70
```

我们发现：

（1）输出了一次 An instance created，这是因为创建了一个 Person 对象，自动调用了一次__int__()方法。

（2）输出了"韩信""男""70"，这是因为 p1 的 name、gender、weight 是在__init__()方法中赋值的。

8.1.2　Person 类的完整定义

8.1.1 节中定义的 Person 类还有缺陷，比如创建的人只能叫"韩信"，不能吃，不能跑，不能动，本节提供具有完整功能的 Person 类的定义，具体代码如下。

```
# 例 8.2 包含方法的类的定义
#代码块 3：类的定义
class Person:
    def __init__(self,name,gender,weight):
        self.name=name
        self.gender=gender
        self.weight=weight
        print('A person named %s is created' % self.name)
    def eat(self,food):
        self.weight=self.weight+food
        print('%s eat %s food, and my weight is %d' % (self.name,food, self.weight))
    def run(self):
        self.weight=self.weight-1
        print('%s runned, and my weight is %d' % (self.name,self.weight))
    def say(self):
        print('My name is %s' % (self.name))
#代码块 4：类的实例化
p1=Person('韩信','男',70)
p1.eat(2)
p1.run()
p1.say()
p2=Person('王昭君','女',50)
p2.eat(3)
p2.run()
p2.say()
```

该代码重新定义了 Person 类，与 8.1.1 节中定义的 Person 类的不同点如下。

（1）__init__()方法拥有除 self 外的 3 个参数：name、gender、weight，分别赋值给 self.name、self.gener、self.weight。在创建 Person 对象时，可以通过传不同的值创建不同的对象。例如，在代码

块 4 中，通过 p1=Person('韩信','男',70)，创建一个名为韩信，男性，体重 70 的 Person 对象，通过 p2=Person('王昭君','女',50)创建一个名为王昭君，女性，体重 50 的 Person 对象。

（2）定义了 eat()方法，该方法的参数是 self 和 food：self 表示当前调用 eat()的对象，food 是一个数字类型参数，表示吃进去的食物重量，通过 self.weight=self.weight+food 使得调用 eat()方法的 Person 对象体重增加，如 p1.eat(2)表示 Person 对象 p1 的体重增加 2，同时显示信息。

（3）定义了 run()方法，该方法只有一个参数 self，通过 self.weight=self.weight−1 使得调用 run() 的对象体重减 1，例如，p1.run()表示 Person 对象 p1 通过跑步锻炼体重降低了 1，同时显示信息。

（4）定义了 say()方法，该方法只有一个参数 self，通过 print('My name is %s' % (self.name))语句 自我介绍，如 p2.say()，输出"王昭君"，自我介绍。

（5）代码块 4 创建了两个不同的 Person 对象，分别是 p1 和 p2，分别调用它们的 eat()、run()、 say()方法。

该代码运行之后的输出如下。

```
A person named 韩信 is created
韩信 eat 2 food, and my weight is 72
韩信 runned, and my weight is 71
My name is 韩信
A person named 王昭君 is created
王昭君 eat 3 food, and my weight is 53
王昭君 runned, and my weight is 52
My name is 王昭君
```

读者也可以自己动手试一试：创建一个名为"刘邦"，性别为"男"，体重 75 的 Person 对象，并 吃 3 单位的食物，跑 3 次，进行自我介绍。

8.1.3　对象属性的默认值设置

可以为属性在__init__()方法中设置默认值，代码如下。

```
# 例 8.3 在类的定义中加入初始化代码
def __init__(self, name, gender='男', weight=70):
        self.name=name
        self.gender =gender
        self.weight=weight
        print('A person named %s is created' % self.name)
```

以上代码为 gender 属性设置默认值"男"，为 weight 属性设置默认值 70，在创建对象时，可以 不传入 gender 和 weight 的值。例如：

```
p3=Person('狄仁杰')
p3.say()
print(p3.gender, p3.weight)
```

该代码创建了一个对象名为 p3 的 Person 对象，只传入一个参数，其他参数都是默认值，运行结 果如下。

```
A person named 狄仁杰 is created, the gender is 男, and the weight is 70
My name is 狄仁杰
('男', 70)
```

8.1.4 对象属性的添加、修改和删除

对象的属性可以直接添加、修改和删除。

```
# 例 8.4 属性值的添加、修改与删除示例
p1=Person('安琪拉','女',45)
p1.height=170
p1.weight=46
print(p1.height, p1.weight)
del p1.height
print(p1.height, p1.weight)
```

其中：

（1）p1.height=170 为对象 p1 添加了一个名为 height 的属性并赋值为 170，height 属性在 Person 类中没有定义，只在 p1 对象中存在。

（2）p1.weight=46 将对象 p1 的 weight 属性的值修改为 46。

（3）del p1.height 删除对象 p1 的 height 属性。

代码运行之后，输出如下。

```
A person named 安琪拉 is created
(170, 46)
Traceback (most recent call last):
  File "C:/pycourse/chapter08/li8.1.3.py", line 23, in <module>
    print(p1.height, p1.weight)
AttributeError: Person instance has no attribute 'height'
```

第一次调用 print(p1.height, p1.weight)输出了"(170, 46)"，第二次调用时会报错，错误信息是：AttributeError: Person instance has no attribute 'height'，说明 height 属性已经被删除。

8.1.5 私有属性和私有方法

有些属性和方法不希望别人访问，例如，体重对于有些人来说是隐私信息，不想告诉其他人，这时就可以将这样的属性和方法声明为私有的，方法是在属性名和方法名前面加 "_" 或 "__"。

```
# 例 8.5 私有属性的使用示例
#代码块 5：类的定义
class Person:
    def __init__(self,name,gender='男',weight=70):
        self._name=name
        self.gender=gender
        self.__weight=weight
        print('A person named %s is created' % self._name)
    def eat(self,food):
        self.__setWeight(self.__weight+food)
        print('%s eat %s food, and my weight is %d' % (self._name,food, self.__weight))
    def run(self):
        self.__weight=self.__weight-1
        print('%s runned, and my weight is %d' % (self._name,self.__weight))
    def say(self):
        print('My name is %s' % (self._name))
    def __setWeight(self, weight):
        self.__weight=weight
```

```
#代码块 6: 类的实例化
p4=Person('狄仁杰')
print(p4._name)
print(p4.gender)
print(p4.__weight)
```

以上代码定义了两个私有属性_name 和__weight，一个私有方法__setWeight()，"_" 和 "__" 的不同之处如下。

（1）以单下画线 "_" 开头。因为只是告诉别人这是私有属性，外部依然可以访问更改，所以 p4._name 可以正常访问。

（2）以双下画线 "__" 开头。比如__weight 属性不可通过 p4.__weight 来访问或者更改，p4.__setWeight(80)不可以调用，但是可以在类内部的方法中调用，比如 eat()方法调用了__setWeight()方法，run()方法修改了__weight 属性。

所以以上代码的输出结果如下。

```
A person named 狄仁杰 is created
狄仁杰
男
Traceback (most recent call last):
  File "C:/pycourse/chapter08/li8.1.3.py/li8.1.5", line 23, in <module>
    print(p1.__weight)
AttributeError: Person instance has no attribute '__weight'
```

其中，访问 p4.__weight 属性时，出现了 AttributeError 异常。

8.1.6 类属性

类属性是必须通过类名访问的属性，类的所有实例共享类属性。以下代码在 Person 中定义了一个类属性 count，初值为 0，每创建一个 Person 对象，count 值就加 1。

```
# 例 8.6 类属性的使用示例
#代码块 7: 类的定义
class Person:
    count=0
    def __init__(self,name,gender='男',weight=70):
        self._name=name
        self.gender=gender
        self.__weight=weight
        Person.count=Person.count+1
        print('A person named %s is created' % self._name)
#代码块 8: 类的实例化
p1=Person('韩信','男',70)
p2=Person('王昭君','女',50)
p3=Person('安琪拉','女',45)
p4=Person('狄仁杰')
print(Person.count)
```

在__init__()方法中通过 Person.count=Person.count+1 修改 count 的值；在代码块 8 中通过 print(Person.count)输出 count 的值，于是该代码运行后得到如下结果。

```
A person named 韩信 is created
```

```
A person named 王昭君 is created
A person named 安琪拉 is created
A person named 狄仁杰 is created
4
```

8.2 类的继承

面向对象的编程带来的主要好处之一是代码重用，代码重用的方法之一是通过继承机制。一个类继承另一个类时，它将自动获得另一个类的所有属性和方法；原有的类称为父类，新类称为子类。子类继承了其父类的所有属性和方法，同时可以定义自己的属性和方法。继承完全可以理解成类之间的类型和子类型关系。

8.2.1 一个简单的继承例子

继承在定义派生类（也称子类）时发生，语法格式如下。

```
class 派生类名(基类名)：//基类名写在括号里
```

定义好派生类后，可以通过派生类的对象访问基类（也称父类）的属性和方法。

```python
# 例8.7类的继承使用示例
#代码块9：类的定义
class Person:
    def __init__(self,name,gender='男',weight=70):
        self.name=name
        self.gender=gender
        self.weight=weight
        print('A person named %s is created' % self.name)
    def say(self):
        print('My name is %s' % (self.name))
class Teacher(Person):
    def teach(self, lesson):
        print("%s teachs %s" % (self.name,lesson))
class Student(Person):
    def study(self, lesson):
        print("%s studies %s" % (self.name,lesson))
#代码块10：类的实例化
p=Person('刘备','男',75)
p.say()
t=Teacher('孔子','男',70)
t.say()
t.teach('Python')
s=Student('王昭君','女',40)
s.say()
s.study('Python')
```

关于以上代码的说明如下。

（1）定义了3个类：Person 类、Teacher 类、Student 类。其中，Person 类是基类，Teacher 和 Student 继承了 Person 类，是其派生类，派生的语法分别是 class Teacher(Person)和 class Student(Person)。

（2）Person 类拥有3个对象属性：name、gender、weight，一个初始化方法__int__()，一个普通对象方法 say()；Teacher 类中只定义了一个对象方法 teach()；Student 类中只定义了一个对象方法 study()。

（3）由于 Teacher 和 Student 是 Person 的派生类，所以可以重用 Person 的 3 个属性和两个方法。在用 t=Teacher('孔子','男',70)语句创建 Teacher 对象 t 时，也需要传入 3 个参数，自动调用基类 Person 的__init__()方法。创建 Student 对象同理。

（4）创建的 Teacher 对象 t 可以访问 teach()方法和基类中的 say()方法，也可以访问基类中的 name、gender、weight 属性。

代码的运行结果如下。

```
A person named 刘备 is created
My name is 刘备
A person named 孔子 is created
My name is 孔子
孔子 teachs Python
A person named 王昭君 is created
My name is 王昭君
王昭君 studies Python
```

8.2.2　子类方法对父类方法的覆盖

当子类中的方法与父类中的方法重名时，子类中的方法会覆盖父类中的同名方法。

```
#例 8.8 方法覆盖的使用示例
#代码块 11: 类的定义
class Person:
    def __init__(self,name,gender='男',weight=70):
        self.name=name
        self.gender=gender
        self.weight=weight
        print('A person named %s is created' % self.name)
    def say(self):
        print('My name is %s' % (self.name))
class Teacher(Person):
    def say(self):
        print('%s is a teacher' % self.name)
class Student(Person):
    def say(self):
        print('%s is a student' % self.name)
#代码块 12: 类的实例化
p=Person('刘备','男',75)
p.say()
t=Teacher('孔子','男',70)
t.say()
s=Student('王昭君','女',40)
s.say()
```

在该代码中，子类 Teacher 和子类 Student 中的 say()方法覆盖了父类 Person 中的 say()方法，当调用 Teacher 对象 t 的 say()方法时，仅输出 t 的 say()方法中的内容。调用 Student 对象同理，于是运行该代码后得到以下输出。

```
A person named 刘备 is created
```

My name is 刘备

A person named 孔子 is created

孔子 is a teacher

A person named 王昭君 is created

王昭君 is a student

8.2.3　在子类方法中调用父类的同名方法

为了能在子类的同名方法中调用父类的同名方法，需要做一些特殊处理。

```python
# 例 8.9 使用父类方法的示例
#代码块 13：类的定义
class Person:
    def __init__(self,name,gender='男',weight=70):
        self.name=name
        self.gender=gender
        self.weight=weight
        print('A person named %s is created' % self.name)
    def say(self):
        print('My name is %s' % (self.name))
class Teacher(Person):
    def __init__(self, name,gender='男',weight=70, title='讲师'):
        Person.__init__(self,name,gender,weight)
        self.title=title
    def say(self):
        Person.say(self)
        print('%s is a teacher' % self.name)
    def teach(self, lesson):
        print("%s teachs %s" % (self.name,lesson))
class Student(Person):
    def __init__(self, name,gender='男',weight=70, major='计算机'):
        Person.__init__(self,name,gender,weight)
        self.major=major
    def say(self):
        Person.say(self)
        print('%s is a student' % self.name)
    def study(self, lesson):
        print("%s studies %s" % (self.name,lesson))
#代码块 14：类的实例化
p=Person('刘备','男',75)
p.say()
t=Teacher('孔子','男',70)
t.say()
t.teach('Python')
s=Student('王昭君','女',40)
s.say()
s.study('Python')
```

在该代码中,子类 Teacher 和子类 Student 中定义了与父类 Person 同名的方法__int__()方法和 say()
方法。

（1）子类 Teacher 中的__int__()方法传入 4 个参数：name、gender、weight、title，通过调用
Person.__init__(self, name, gender, weight)为父类 Person 中的 3 个属性赋值，title 表示教师的职称，是

Teacher 类的专有对象属性。同理，子类 Student 的__init__()方法也传入 4 个参数，前三个为父类中的 3 个对应属性赋值，major 表示学生的专业，是 Student 类的专有对象属性。

（2）子类 Teacher 中的 say()中通过 Person.say(self)语句调用父类 Person 的 say()方法介绍自己的姓名，随后通过调用 print('%s is a teacher' % self.name)语句说明自己是教师。同理，子类 Student 中的 say()通过调用父类的 say()方法介绍自己的姓名，随后通过调用 print('%s is a student% self.name)语句说明自己是学生。

因此，我们可以看出在 Python 中继承的特点如下。

（1）在继承中，基类的构造（__init__()方法）不会被自动调用，它需要在其派生类的构造中亲自专门调用。

（2）在调用基类的方法时，需要加上基类的类名前缀，且需要带上 self 参数变量。而在类中调用普通函数时并不需要带上 self 参数。

（3）Python 总是首先查找对应类型的方法，如果它不能在派生类中找到对应的方法，就开始到基类中逐个查找（先在本类中查找调用的方法，找不到才去基类中找）。

8.3 本章小结

本章介绍了面向对象编程的相关知识，包括类的定义、对象的创建、对象的使用、类的继承、子类和父类的关系等。

定义类的方法是使用 class 关键字，根据类可以创建对象。对象又称为类的实例，在创建对象时，自动调用类的__init__()方法，如果有参数，还需要传入参数。类中的属性和方法可以是私有的，也可以是公有的，私有属性和私有方法不能在类的外部被调用。

一个类可以被继承产生派生类，派生类又称为子类，被派生的类称为基类或父类。子类可以重用父类中的属性和方法，子类中的方法还会覆盖父类中的同名方法，在子类的方法中需要通过父类名访问父类中的同名方法。

8.4 课后习题

扫码在线做习题

一、单选题

1. 下列类的声明中不合法的是（　　）。

    A. class Flower: pass

    B. class 中国人: pass

    C. class SuperStar(): pass

    D. class A, B: pass

2. 下列有关构造方法的描述，正确的是（　　）。

    A. 所有类都必须定义一个构造方法

    B. 构造方法必须有返回值

    C. 构造方法必须访问类的非静态成员

    D. 构造方法可以初始化类的成员变量

3. 以下程序的输出结果是（　　　　）。

```
class A:
    def fun1(self): print("fun1 A")
    def fun2(self): print("fun2 A")
class B(A):
    def fun1(self): print("fun1 B")
    def fun3(self): print("fun2 B")
b=B()
b.fun1()
b.fun2()
a=A()
a.fun1()
a.fun2()
```

A.	fun1 B	B.	fun1 B	C.	fun1 A	D.	fun1 A
	fun2 A		fun2 B		fun2 A		fun2 A
	fun1 A		fun1 A		fun1 A		fun1 B
	fun2 A		fun2 A		fun2 A		fun2 A

二、填空题

1. 在 Python 语言中，定义类的关键字是＿＿＿＿＿＿，创建对象时，调用的初始化方法的名称是＿＿＿＿＿＿。

2. 在 Python 语言中，定义私有成员变量的方法是＿＿＿＿＿＿＿＿＿＿＿＿＿＿＿。

三、编程题

1. 请定义一个 Dog 类，类属性有名字（name）、毛色（color）、体重（weight），方法为叫（wangwang），调用该方法时输出"wang! wang!"。使用 Dog 类创建一个对象，名字为"旺财"，毛色为"黄色"，体重为"10"，并调用 wangwang 方法。

2. 定义一个 Student 类。有下面的类属性：姓名、年龄、语文成绩、数学成绩、英语成绩（其中，每个科目的成绩类型为整数），且有以下的类方法。

获取学生的姓名：get_name()

获取学生的年龄：get_age()

返回 3 门科目中最高的分数：get_course()

定义好类以后，定义 2 个同学测试如下。

```
zm = Student('zhangming',20,69,88,100)
```

返回结果：

```
zhangming  20  100
```

3. 编写程序，定义 HighShcoolStudent（高中生）类，继承第 4 题中的 Student 类，多了化学成绩、物理成绩、生物成绩、历史成绩、政治成绩 5 个属性，以及以下两个方法。

返回八门课程平均分的方法：get_average()

返回八门课程中最高分的方法：get_course()

定义好类后，定义 2 个同学测试，输出平均分和最高分。

09 第9章 图形用户界面

学习目标

- 掌握 Tkinter 窗口的创建。
- 掌握 Tkinter 坐标管理器的使用。
- 掌握标签、按钮、输入框、列表框、画布等 Tkinter 组件的使用。

本章电子课件

程序除了给用户提供需要的功能，还要拥有良好的用户界面，方便用户使用程序中的各类功能，Python 在这方面提供了 Tkinter 内置库，本章介绍如何使用 Tkinter 来设计功能强大的用户界面。

9.1 Tkinter 简介

到目前为止，我们的所有输入和输出都只是 IDLE 或命令行提示窗口中的简单文本，现代计算机和程序会使用大量的图形，如果我们的程序中也有一些图形就太好了。本章开始建立一些简单的 GUI，使程序看上去就像你平常熟悉的那些程序一样，将会有窗口、按钮之类的图形。

在图形用户界面（Graphical User Interface，GUI）中，并不只是键入文本和返回文本，用户可以看到窗口、按钮、文本框等图形，而且可以用鼠标点击，还可以通过键盘键入。本书目前为止完成的程序都是命令行或文本模式程序，GUI 是与程序交互的另一种方式。有 GUI 的程序有 3 个基本要素：输入、处理和输出，但它们的输入和输出更丰富、更有趣一些。

Tkinter 是 Python 的默认 GUI 库，在安装 Python 时默认安装好，不需要通过 pip 工具手动下载。由于 Tkinter 开发 GUI 的可移植性和灵活性，加上脚本语言的简洁和系统语言的强劲，所以 Tkinter 可以用于快速开发各种 GUI 程序。

9.1.1 第一个 Tkinter 窗口

创建并运行 Tkinter GUI 程序的基本步骤如下。

（1）导入 Tkinter 模块（import Tkinter 或者 from Tkinter import *）。

（2）创建一个顶层窗口对象来容纳整个 GUI 程序。

（3）在顶层窗口对象中加入 GUI 组件。

（4）把 GUI 组件与事件处理代码相连接。

（5）进入主事件循环。

一个简单的 Tkinter GUI 程序代码如下。

```
# 例9.1 简单的 Tkinter 程序示例
import tkinter as tk              #导入 Tkinter 模块
top = tk.Tk()                     #创建顶层窗口对象
top.title("第一个 Tkinter 窗口")    #设置窗口标题
top.mainloop()                    #主事件循环
```

第一句代码 import tkinter as tk 导入 Tkinter 模块并命名为 tk，之后可以使用 tk 表示 Tkinter，所有使用 Tkinter 的 GUI 程序必须先导入 Tkinter 模块，获得 Tkinter 的访问权。

第二句代码 top = tk.Tk()创建一个顶层窗口对象。顶层窗口是指那些在程序中独立显示的部分。可以在 GUI 程序中创建多个顶层窗口，但其中只能有一个是根窗口。可以先设计好组件再添加实际功能，也可以二者同时进行（这意味着交替执行上述 5 步中的第（3）步和第（4）步）。

第三句代码 top.title("第一个 Tkinter 窗口")设置窗口的标题为"第一个 Tkinter 窗口"，top 对象有多个方法设置窗口的其他属性，如窗口大小、窗口位置等。

第四句代码 top.mainloop()进入主事件循环，这是一个无限循环，通常是程序执行的最后一段代码。一旦进入主循环，GUI 便从此掌握控制权。所有其他动作都来自回调函数，包括程序退出。当直接关闭窗口时，必须唤起一个回调来结束程序。

以上代码运行后，可以得到如图 9-1 所示的图形用户界面。

图 9-1　简单的 Tkinter 程序窗口

9.1.2　在窗口中加入组件

例 9.1 创建了一个简单的窗口，如果想要让 Thinter GUI 程序拥有更加丰富的功能，就需要在窗口中加入组件。

以下代码在窗口中加入一个按钮（Button）组件。

```
# 例 9.2 在图形用户中加入按钮组件
import tkinter as tk
top = tk.Tk()
top.title("第一个 Tkinter 窗口")
btn=tk.Button(top, text="一个按钮")    #创建一个按钮对象
btn.pack()                             #使用坐标管理器将组件放到正确的位置
top.mainloop()
```

其中，语句 btn=tk.Button(top, text="一个按钮")创建了一个 Button（按钮）对象，btn 是按钮对象名，tk.Button 是按钮类，创建时传入两个参数：top 和 text。top 是按钮所在的窗口对象，任何一个 Tkinter 组件都需要有一个所属的窗口；text 是按钮的标题，也就是在按钮上显示的文字，此处的标题是"一个按钮"。

语句 **btn.pack()** 设置按钮 btn 在所属窗口中的位置，pack()是一个坐标管理器方法，根据按钮的大小和加入窗口的先后顺序，自动决定按钮在窗口中的位置。

运行以上代码之后，可以得到如图 9-2 所示的窗口界面，窗口中多了一个标题为"一个按钮"的按钮，位于窗口的正上方，按钮的大小自动设置为标题文本的宽度。

图 9-2　包含按钮的图形用户界面

9.1.3　为按钮设置动作事件

下面把 GUI 组件与事件处理代码相连接。按钮组件有一个单击命令事件，我们希望在单击按钮后，改变窗口的标题，代码如下。

```
# 例 9.3 为按钮组件设置动作事件的响应代码示例
import tkinter as tk
top = tk.Tk()
top.title("第一个 Tkinter 窗口")
def button_clicked():
    top.title("你点击了按钮")
btn=tk.Button(top, text="一个按钮", command=button_clicked)
btn.pack()
top.mainloop()
```

语句 btn=tk.Button(top, text="一个按钮", command=button_clicked)创建按钮对象，同时设置按钮对象的 command 属性为 button_clicked，button_clicked 是一个函数，单击按钮时会执行该函数。

语句 def button_clicked(): top.title("你点击了按钮")定义了函数 button_clicked，其功能是通过 top.title("你点击了按钮")语句将窗口 top 的标题设置为"你点击了按钮"。

执行以上代码，单击按钮后，用户界面如图 9-3 所示。

图 9-3　单击按钮后的用户界面

9.1.4　坐标管理器

在以上的例子中，我们通过 Button 组件的 pack()方法将组件放置在窗口中，pack()方法用于布局组件，我们称之为坐标管理器。

Tkinter 共有 3 个坐标管理器，分别是 Packer（包）、Grid（网格）和 Place（位置），其中 Packer 和 Grid 是常用的坐标管理器。

Packer 坐标管理器通过组件的 pack()方法实现，如果有多个组件调用了 pack()方法，则按照调用 pack()的先后顺序从上到下放置到窗口中。

```
# 例 9.4 多个组件的放置示例
import tkinter as tk
top = tk.Tk()
top.title("Packer 坐标管理器")
btn1=tk.Button(top,text="按钮 1")
btn2=tk.Button(top,text="按钮 2")
btn3=tk.Button(top,text="按钮 3")
btn1.pack()
btn2.pack()
btn3.pack()
top.mainloop()
```

运行结果如图 9-4 所示，按照调用 pack()方法的先后顺序从上到下放置组件。

图 9-4　包含多个组件的用户界面

Grid 坐标管理器将窗口看成由网格组成，通过指定行和列的位置将组件放置在相应的网格中。

```
# 例 9.5 使用网格化布局多个组件示例
import tkinter as tk
top = tk.Tk()
top.title("网格坐标管理器")
btn1=tk.Button(top,text="按钮 1")
btn2=tk.Button(top,text="按钮 2")
btn3=tk.Button(top,text="按钮 3")
btn21=tk.Button(top,text="按钮 21")
```

```
btn22=tk.Button(top,text="按钮 22")
btn23=tk.Button(top,text="按钮 23")
btn1.grid(row=0,column=0)
btn2.grid(row=0,column=1)
btn3.grid(row=0,column=2)
btn21.grid(row=1,column=0)
btn22.grid(row=1,column=1)
btn23.grid(row=1,column=2)
top.mainloop()
```

运行结果如图 9-5 所示。

图 9-5　以网格布局多个组件示例

Grid 坐标管理器调用组件的 grid() 方法决定组件的位置，grid() 方法有多个参数，主要有表示行号的 row 和表示列号的 column，两者都从 0 开始。例如，btn1.grid(row=0,column=0) 表示将按钮 btn1 放置在第 0 行第 0 列，btn22.grid(row=1,column=1) 表示将 btn22 放置在第 1 行第 1 列。

9.2　Tkinter 组件及其属性

9.1 节介绍了创建 Tkinter 窗口、在窗口中加入按钮组件，以及为按钮设置点击事件。除了按钮以外，Tkinter 还有许多其他组件，各个组件有其不同的属性和事件，表 9-1 中列出了部分组件，将在下面介绍其中较为常用的组件。

表 9-1　　　　　　　　　　　　　Tkinter 库包含的各类组件及其功能描述

组件名	功能描述
Button	按钮组件，在程序中显示按钮
Canvas	画布组件，显示图形元素，如线条、文本
Checkbutton	复选框组件，用于在程序中提供多项选择框
Entry	输入组件，用于显示简单的文本内容
Frame	框架组件，在屏幕上显示一个矩形区域，多用来作为容器
Label	标签组件，可以显示文本和位图
Listbox	列表框组件，用来显示一个字符串列表给用户
Menubutton	菜单按钮组件，用于显示菜单项
Menu	菜单组件，显示菜单栏、下拉菜单和弹出菜单
Message	消息组件，用来显示多行文本，与 label 类似
Radiobutton	单选按钮组件，显示一个单选按钮
Scale	范围组件，显示一个数值刻度，为输出限定范围的数字区间
Text	文本组件，用于显示多行文本
Spinbox	输入组件，与 Entry 类似，但是可以指定输入值范围

各种组件都有各自的属性，如 Label 和 Button 有 text 属性，而 Entry 组件没有，属性可以在创建组件对象时赋值，也可以通过如 btn['text']= '按钮'这样的方式赋值。各个组件的共有属性如表 9-2 所示。

表 9-2   Tkinter 中各组件的共有属性及其描述

属性名	属性描述
Dimension	组件的大小
Color	组件的颜色
Font	组件的字体
Anchor	组件包含的锚点
Relief	组件的样式
Bitmap	组件中的位图

9.2.1 Label 组件和 Entry 组件

标签组件 Label 用于显示文本与位图，在该组件中显示的文字不可编辑；输入组件 Entry 用于输入文本。

```python
# 例 9.6 标签与文本框组件使用示例
import tkinter as tk
top = tk.Tk()
top.title("Labe 组件和 Entry 组件使用")
label1=tk.Label(top,text="请输入姓名：") #创建第一个 Label 组件对象
label2=tk.Label(top,text="输入的姓名：") #创建第二个 Label 组件对象
entry1=tk.Entry(top) #创建第一个 Entry 组件对象
entry2=tk.Entry(top) #创建第二个 Entry 组件对象
label1.pack() #使用包坐标管理器将 label1 放置到窗口中
entry1.pack() #使用包坐标管理器将 entry1 放置到窗口中
label2.pack() #使用包坐标管理器将 label2 放置到窗口中
entry2.pack() #使用包坐标管理器将 entry2 放置到窗口中
def button_clicked(): #按钮事件，将 entry1 的内容复制到 entry2
    entry2.delete(0,tk.END)
    text= entry1.get()
    entry2.insert(0, text)
btn=tk.Button(top, text="文本复制", command=button_clicked)
btn.pack()
top.mainloop()
```

这段代码创建了 label1 和 label2 两个 Label 组件对象、entry1 和 entry2 两个 Entry 组件对象，以及一个名为 btn 的 Button 对象，并为按钮添加了点击事件处理函数。

运行代码后，出现如图 9-6 所示的界面，5 个组件按照调用 pack()方法的先后顺序（代码中的先后顺序是 label1、entry1、label2、entry2、btn），依次放置在窗口中。在第一个 Entry 组件中输入文本"My Name"，然后单击按钮，第二个 Entry 组件中的内容也会变成"My Name"。

图 9-6　标签与文本框组件使用示例

在实现按钮点击功能的函数 button_clicked()中，有 3 句关键语句。

（1）entry2.delete(0,tk.END)语句调用 delete 方法将 entry2 中的文本内容清空，调用 delete()方法时传入两个参数，第一个参数 0 表示被删除的文本的起始位置，第二个表示被删除的文本的结束位置，tk.END 表示最后一个字符的位置。

（2）text= entry1.get()语句调用 get()方法，获取 entry1 中的文本内容并保存在 text 变量中。

（3）entry2.insert(0, text)语句调用 insert()方法，将 entry2 的文本内容设置为 text 变量中保存的文本，调用 insert()时传入两个参数，0 表示 entry2 中要插入文本的位置(已使用第一个语句清空了 entry2 中的内容)，text 是需要插入的文本内容。

9.2.2　Listbox 组件

Listbox（列表框）组件用来显示一个字符串列表，例如，以下代码使用 Listbox 组件显示 3 个人的姓名。

```
# 例 9.7 列表框组件使用示例
import tkinter as tk
top = tk.Tk()
top.title("Listbox 组件使用")
list=tk.Listbox(top)          #创建 Listbox 对象
names=["韩信", "刘邦", "项羽"] #待添加的姓名
for name in names:
    list.insert(0,name)   #将 names 中的 3 个姓名依次添加到 Listbox 组件对象中
list.pack()               #使用包坐标管理器放置 Listbox 组件对象
top.mainloop()
```

运行之后得到如图 9-7 所示的界面。

图 9-7　列表框组件使用示例

上述程序中：

list=tk.Listbox(top)语句使用 tk.Listbox 类创建一个 Listbox 对象。

list.insert(0,name)调用 insert()方法将变量 name 中保存的字符串添加到对象 list 的第 0 个位置，如果要添加多个不同的字符串，则可以调用多次，以上代码将 3 个姓名字符串添加到 Listbox 对象中。

可以将 Entry、Listbox 和 Button 联合使用，从 Entry 组件输入文本，单击按钮后，将文本添加到 Listbox 组件对象中，如以下代码所示。

```
# 例 9.8 多种组件组合使用示例
import tkinter as tk
top = tk.Tk()
top.title("Listbox 组件使用")
entry1=tk.Entry(top)
entry1.grid(row=0,column=0)      #使用网格坐标管理器将 entry1 放置到第 0 行第 0 列
list=tk.Listbox(top)
def button_clicked():
    text= entry1.get()           #获取 entry1 组件中的文本
    list.insert(0,text)          #将文本添加到 Listbox 组件中
btn=tk.Button(top, text="添加到列表", command=button_clicked) #按钮
btn.grid(row=0,column=1)          #将按钮放置到第 0 行第 1 列
list.grid(row=1,column=0,columnspan=2)  #将 Listbox 组件放置到第 1 行定 0 列，并占用两列宽度
top.mainloop()
```

以上代码使用了网格坐标管理器，将各个组件放置到对应的位置，其中语句 list.grid(row=1, column=0,columnspan=2)中的 columnspan 用于设置所占列数，rowsan 用于设置所占行数。

运行之后得到如图 9-8 所示的界面，在文本框中输入文本，单击按钮之后，将文本添加到 Listbox 中。

图 9-8　多种组件组合使用效果示例

9.2.3　Canvas 组件

Tkinter 的 Canvas（画布）组件，用于绘制各种几何图形，如圆、椭圆、线段、三角形、矩形、多边形等。

```
# 例 9.9 画布组件使用示例
import tkinter as tk
top = tk.Tk()
top.title("画布组件使用")
```

```
canvas=tk.Canvas(top)
#绘制矩形，左上角坐标是(10, 130)，左下角坐标是(80, 210)
canvas.create_rectangle(10,130,80,210,tags = "rect")
#绘制圆，放置在左上角坐标是(10, 10)，左下角坐标是(80, 80)的正方形中，用红色填充
canvas.create_oval(10,10,80,80, fill = "red", tags = "oval")
#绘制椭圆，安放在左上角坐标是(10, 90)，左下角坐标是(80, 120)的矩形中，用绿色填充
canvas.create_oval(10,90,80,120, fill = "green", tags = "oval")
#绘制三角形，三个顶点分别是(90,10)、(190,90)、(90,90)
canvas.create_polygon(90,10,190,90,90,90,tags = "polygon")
#绘制线段，两个端点分别是(90,180)、(180,100)，颜色为红色
canvas.create_line(90,180,180,100,fill = "red",tags = "line")
#绘制字符串"hi, i am string"，font参数决定字体
canvas.create_text(180,200,text= "hi, i am string", font = "time 10 bold underline",
tags = "string")
canvas.pack()
top.mainloop()
```

运行结果如图 9-9 所示。

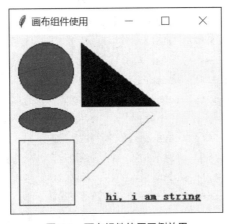

图 9-9　画布组件使用示例效果

9.3　案例分析：简单计算器

本节使用 Tkinter 图形用户界面知识编写一个简单计算器，实现基本的加减乘除四则运算，计算器界面如图 9-10 所示。

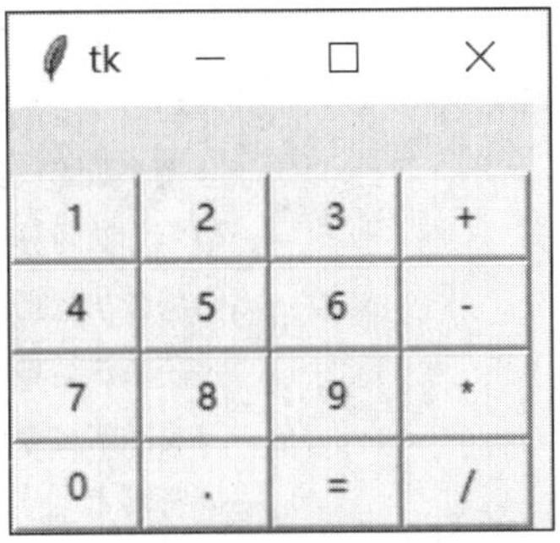

图 9-10　简单计算器界面

顶端的灰色文本框不可编辑，用于显示输入的数字和运算结果。

9.3.1 实现计算器界面

实现计算器界面的代码如下。

```
# 例 9.10 使用 Tkinter 实现简单计算器的界面
import tkinter as tk
top=tk.Tk()
shows=tk.Label(top, width=25, text='0', bg='yellow')  #显示文本框，初值为0，背景色为黄色
shows.grid(row=0,columnspan=4)  #用网格坐标管理器将文本框放置在第0行，占用四格宽度
zero=tk.Button(top, text='0', width=5)          #数字0，width属性设置按钮宽度
one=tk.Button(top, text='1', width=5)           #数字1
two=tk.Button(top, text='2', width=5)           #数字2
three=tk.Button(top, text='3', width=5)         #数字3
four=tk.Button(top, text='4', width=5)          #数字4
five=tk.Button(top, text='5', width=5)          #数字5
six=tk.Button(top, text='6', width=5)           #数字6
seven=tk.Button(top, text='7', width=5)         #数字7
eight=tk.Button(top, text='8', width=5)         #数字8
nine=tk.Button(top, text='9', width=5)          #数字9
dot=tk.Button(top, text='.', width=5)           #小数点
add=tk.Button(top, text='+', width=5)           #加法运算
sub=tk.Button(top, text='-', width=5)           #减法运算
mul=tk.Button(top, text='*', width=5)           #乘法运算
div=tk.Button(top, text='/', width=5)           #除法运算
equal=tk.Button(top, text='=', width=5)         #等于运算
one.grid(row=1,column=0)                        #将数字1放置在第1行第0列
two.grid(row=1,column=1)                        #将数字2放置在第1行第1列
three.grid(row=1,column=2)                      #将数字3放置在第1行第2列
four.grid(row=2,column=0)                        #将数字4放置在第2行第0列
five.grid(row=2,column=1)                        #将数字5放置在第2行第1列
six.grid(row=2,column=2)                         #将数字6放置在第2行第2列
seven.grid(row=3,column=0)                       #将数字7放置在第3行第0列
eight.grid(row=3,column=1)                       #将数字8放置在第3行第1列
nine.grid(row=3,column=2)                        #将数字9放置在第3行第2列
zero.grid(row=4,column=0)                        #将数字0放置在第4行第0列
dot.grid(row=4, column=1)                        #将小数点放置在第4行第1列
add.grid(row=1,column=3)                         #将加法运算符放置在第1行第3列
sub.grid(row=2,column=3)                         #将减法运算符放置在第2行第3列
mul.grid(row=3,column=3)                         #将乘法运算符放置在第3行第3列
div.grid(row=4,column=3)                         #将除法运算符放置在第4行第3列
equal.grid(row=4,column=2)                       #将等于运算符放置在第4行第2列
top.mainloop()
```

9.3.2　实现数字按钮的点击功能

计算器中有 0～9 共 10 个数字，称之为数字按钮，点击数字按钮时，有以下两种结果。

（1）接在原有的数字序列后面，比如当前在显示框中的数字是 123，当按下数字 4 按钮之后，显示框中的数字变为 1234。

（2）取代显示框的数字，当按下数字 4 按钮之后，显示框中的数字变位 4，这种情况发生在上一次点击的按钮是运算按钮（+、−、*、/、=）。

因此，需要一个变量表示上一次是否点击了运算按钮，该变量名为 press_opt。数字按钮的点击功能代码如下。

```
# 例 9.11 数字按钮的点击功能实现示例
press_opt=False                      #当值为 False 时，上一次点击的按钮不是运算按钮
def num_action(num):                 #在数字按钮事件中被调用的函数，传入点击的数字
    global press_opt
    if press_opt:                    #如果上一次点击了运算按钮
        shows['text']=num            #则显示框变为点击的数字
        press_opt=False              #将 press_opt 变为 False
    else: shows['text']=shows['text']+num  #否则当前点击数字连在显示框数字后面
def zero_click(): num_action('0')    #数字 0 点击函数，调用 num_action()函数，并传入字符 0
zero['command']=zero_click           #设置数字 0 按钮的 command 值为 zero_click 函数
def one_click(): num_action('1')
one['command']=one_click
def two_click(): num_action('2')
two['command']=two_click
def three_click(): num_action('3')
three['command']=three_click
def four_click(): num_action('4')
four['command']=four_click
def five_click(): num_action('5')
five['command']=five_click
def six_click(): num_action('6')
six['command']=six_click
def seven_click(): num_action('7')
seven['command']=seven_click
def eight_click(): num_action('8')
eight['command']=eight_click
def nine_click(): num_action('9')
nine['command']=nine_click
```

把该段代码添加到 9.3.1 节中例 9.10 代码的 equal.grid(row=4,column=2)语句后、top.mainloop()前。

该段代码为 0～9 共 10 个数字按钮设置了 command 属性的值，这是设置按钮点击事件处理函数的另一种方法（第一种方法是在创建按钮组件时设置 command 属性值）。

9.3.3　实现小数点按钮的功能

点击小数点按钮后有以下两种结果。

（1）如果显示框中的数字已有小数点，则不做任何操作。

（2）否则，将小数点接在显示框已有文本之后。

小数点按钮的点击功能代码如下，该代码紧接在 9.3.2 节中例 9.11 的代码之后。

```
# 例 9.12 点击小数点按钮的功能实现示例
has_dot=False  #值为 False 时，显示框中的数字有小数点
def dot_click():
    global has_dot
    if not has_dot:
        shows['text']=shows['text']+'.'
        has_dot=True
dot['command']=dot_click
```

9.3.4　实现运算按钮的功能

下面实现加（+）、减（-）、乘（*）、除（/）、等于（=）运算按钮的功能，当点击运算按钮时，需要实现如下功能。

（1）如果之前有需要完成的运算，则先完成运算。例如，前面按钮的顺序是 1、2、3、+、4、5、6，当前再一次点击 5 个运算符按钮中的任意一个时，要先完成 123+456 的运算，在显示框中显示运算结果 579，同时记录当前点击的运算符。

（2）如果之前没有需要完成的运算，则记录当前点击的运算符。

具体的实现代码如下。

```
# 例 9.13 实现运算按钮功能的代码示例
pre_opt=''      #记录上一次点击的运算符
pre_num=0       #记录上一次的运算数
def compute(): #进行运算
    global pre_opt
    global pre_num
    if pre_opt == '':
        return
    pre_num=eval(pre_num)
    cur_num=eval(shows['text'])
    if pre_opt=='+':
        new_num=pre_num+cur_num
    elif pre_opt=='-':
        new_num=pre_num-cur_num
    elif pre_opt=='*':
        new_num=pre_num*cur_num
    elif pre_opt=='/':
        new_num=pre_num/cur_num
    elif pre_opt=='=':
        new_num=cur_num
    shows['text']='%s'%new_num
def opt_click(cur_opt): #cur_opt 传入当前点击的运算符
    global pre_opt
    global pre_num
    global press_opt
    global has_dot
    compute()
    pre_opt=cur_opt
    pre_num=shows['text']
    press_opt=True
    has_dot=False
```

```
def add_click():              #加法按钮点击事件处理
    opt_click('+')
add['command']=add_click
def sub_click():              #减法按钮点击事件处理
    opt_click('-')
sub['command']=sub_click
def mul_click():              #乘法按钮点击事件处理
    opt_click('*')
mul['command']=mul_click
def div_click():              #除法按钮点击事件处理
    opt_click('/')
div['command']=div_click
def equal_click():            #等于号按钮点击事件处理
    opt_click('=')
equal['command']=equal_click
```

将以上代码连接在 9.3.3 节例 9.12 的代码之后，整个计算器的代码就完成了。

9.4 本章小结

本章介绍了 Tkinter 图形用户界面开发，包括创建 Tkinter 窗口和各种 Tkinter 组件（如按钮、标签、输入框、列表框、画布等）、Tkinter 坐标管理器的使用等，最后使用 Tkinter 开发了一个简易计算器。

9.5 课后习题

扫码在线做习题

一、单选题

1. 设 Tkinter 顶层窗口名为 top，为创建一个 Tkinter 组件，以下哪个选项是错误的？（   ）

    A. btn=tk.Button(top)

    B. ent=tk.Entry(top)

    C. lst=tk.ListBox(top)

    D. btn=tk.Button(top, text="")

2. 以下不是 Tkinter 组件的是（   ）。

    A. Text

    B. Checkbutton

    C. Menubutton

    D. Messagebox

二、填空题

1. Tkinter 有 3 种坐标管理器，分别是_____、_____、_____。

2. Tkinter 实现画布功能的组件是_____，用于创建列表的组件是_____，实现主事件循环的方法是_____。

3. 创建并运行 Tkinter 程序有五步，第一步是导入 Tkinter 模块，第二步是＿＿＿＿＿＿＿＿＿＿，第三步是＿＿＿＿＿＿＿＿，第四步是＿＿＿＿＿＿＿＿＿＿，第五步是＿＿＿＿＿＿＿＿＿＿＿。

三、编程题

1. 编写程序实现以下窗口（见图 9-11），要求在文本框中输入文本，单击"文本复制"按钮后，将"标签 1"的内容变为输入的文本。

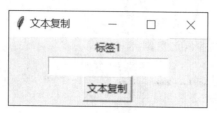

图 9-11　创建文本框控件

2. 编写程序，在窗口中绘制以下图形（见图 9-12），其中正方形的边长为 200 个单位。

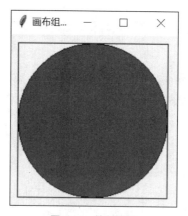

图 9-12　绘制图形

3. 编写程序，为 9.3.3 节中的计算器增加开方和三角函数 sin()、cos()、tan() 的功能。

第10章　数据分析与可视化

学习目标

- 掌握数值计算库 numpy 的使用。
- 掌握科学计算扩展库 scipy 的使用。
- 掌握数据可视化库 matplotlib 的使用。

本章电子课件

10.1　数值计算库 numpy

数值计算库 numpy 提供了 Python 没有的数组对象，支持多维数组运算、矩阵运算、矢量运算、线性代数运算等。

numpy 的主要对象是多维数组，它是由相同元素（通常是数字）组成的，使用正整数元组（tuple）作为数组的索引。在 numpy 中，纬度（dimensional）又被称为轴（axis），轴的数量被称为级（rank），例如，下面这个数组。

```
[[ 1., 0., 0.],
 [ 0., 1., 2.]]
```

该数组有 2 个轴，第一个纬度的长度为 2（即有 2 行），第二个纬度长度为 3（即有 3 列）。numpy 的数组类被称为 ndarray，别名为 array，引用方式是 numpy.narray 或 numpy.array。

在安装完 Python 之后，需要在终端（Windows 中被称为命令提示符）中执行以下命令安装 numpy。

```
pip install numpy
```

10.1.1　创建 numpy 数组

以下代码使用多种方式创建不同的 numpy 数组。

```
# 例 10.1 使用多种方式创建不同的 numpy 数组
import numpy as np                    #导入 numpy 模块，并起别名 np
a0=np.array([1,2,3,4,5])              #把 Python 列表转换成数组
print("a0 =", a0)
```

```
a1=np.array([1,2,3,4,5],dtype=np.float)        #把 Python 列表转换成一维浮点型数组
print("a1 =", a1)
a2=np.array(range(5))                          #创建具有 5 个元素的一维整型数组
print("a2 =", a2)
a3=np.linspace(0, 10, 11)                      #创建等差数组，0～10 分成 11 份
print("a3 =", a3)
a4=np.linspace(0,1,11)                         #创建等差数组，0～1 分成 11 份
print("a4 =", a4)
a5=np.zeros([3,3])                             #创建 3 行 3 列的全零二维数组
print("a5 =", a5)
a6=np.ones([3,3])                              #创建 3 行 3 列的全 1 二维数组
print("a6 =", a6)
a7=np.identity(3)                             #创建单位矩阵，对角线元素为 1，其他元素为 0
print("a7 =", a7)
```

以上代码的说明如下。

（1）代码 import numpy as np 用于导入 numpy 模块，按照 Python 社区的习惯，导入后使用 np 作为别名。

（2）代码 a0=np.array([1,2,3,4,5])用于将 Python 列表转换成数组，数组类型由列表的类型决定，也可以使用 dtype 属性决定，该属性的值可以为 np.int、np.int8、np.int32、np.float、np.float32 等，如 a1=np.array([1,2,3,4,5],dtype=np.float)表示转换成浮点型数组。

（3）np.linspace ()用于创建一个等差数组，默认类型是浮点型。

（4）np.zeros()、np. ones ()、np. identity ()分别用于创建全 0 数组、全 1 数组、单位矩阵，默认数组类型是浮点型。

以上代码的运行结果如下。

```
a0 = [1 2 3 4 5]
a1 = [ 1.  2.  3.  4.  5.]
a2 = [0 1 2 3 4]
a3 = [ 0.  1.  2.  3.  4.  5.  6.  7.  8.  9. 10.]
a4 = [ 0.  0.1 0.2 0.3 0.4 0.5 0.6 0.7 0.8 0.9 1. ]
a5 = [[ 0.  0.  0.]
     [ 0.  0.  0.]
     [ 0.  0.  0.]]
a6 = [[ 1.  1.  1.]
     [ 1.  1.  1.]
     [ 1.  1.  1.]]
a7 = [[ 1.  0.  0.]
     [ 0.  1.  0.]
     [ 0.  0.  1.]]
```

10.1.2 数组与数值的算术运算

以下是 numpy 数组与数值的加、减、乘、除、求余等算术运算的代码。

```
# 例 10.2 数组与数值的加、减、乘、除、求余等算术运算
import numpy as np                            #导入 numpy 模块，并起别名 np
a=np.array([1,3,5,7,9], dtype=np.int32)
print(a+2)
print(a-2)
print(a*2)
```

```
print(a/2)
print(np.mod(a,2))
```

代码的输出结果如下。

```
[ 3  5  7  9 11]
[-1  1  3  5  7]
[ 2  6 10 14 18]
[ 0.5  1.5  2.5  3.5  4.5]
[1 1 1 1 1]
```

10.1.3 数组与数组的算术运算

以下代码对一个一维数组和一个二维数组进行算术运算。

```
# 例 10.3 一维数组和二维数组之间的算术运算示例
import numpy as np
a=np.array([1,2,3])
b=np.array([[1,1,1],[2,2,2],[3,3,3]])
print("a+b= ", a+b)
print("a-b= ", a-b)
print("a*b= ", a*b)
print("a/b= ", a/b)
```

运行结果如下，如果将程序第 2 行改为 a=np.array([1,2,3,4])，则程序将无法正确运行，因为 a 数组有 4 个元素，与 b 数组中元素的列数不一样。

```
a+b= [[2 3 4]
      [3 4 5]
      [4 5 6]]
a-b= [[ 0  1  2]
      [-1  0  1]
      [-2 -1  0]]
a*b= [[1 2 3]
      [2 4 6]
      [3 6 9]]
a/b= [[ 1.          2.          3.        ]
      [ 0.5         1.          1.5       ]
      [ 0.33333333  0.66666667  1.        ]]
```

10.1.4 数组的关系运算

以下代码创建一个随机数组，并进行大于、等于、小于等关系运算，关系运算的结果是值为 True 或 False 的数组（也称布尔数组）。

```
# 例 10.4 数组的逻辑运算示例
import numpy as np
a=np.random.rand(10)                    #创建包含 10 个 0~1 随机数的数组
print("a= ", a)
print("a>0.5 ", a>0.5)
print("a<0.5 ", a<0.5)
print("a==0.5 ", a==0.5)
print("a>=0.5 ", a>=0.5)
print("a<=0.5 ", a<=0.5)
```

运行结果如下。

```
a= [ 0.99375684  0.17703359  0.25558724  0.84904171  0.90608089  0.10939586
  0.3735241   0.50116806  0.47456822  0.43664073]
```

```
a>0.5  [ True False False  True  True False False  True False False]
a<0.5  [False  True  True False False  True  True False  True  True]
a==0.5 [False False False False False False False False False False]
a>=0.5 [ True False False  True  True False False  True False False]
a<=0.5 [False  True  True False False  True  True False  True  True]
```

10.1.5　分段函数

以下代码根据数组元素的值进行分段操作。

```
# 例 10.5 数组元素的分段操作示例
import numpy as np
a=np.random.rand(10)
ones=np.ones(10)
zeros=np.zeros(10)
b=np.where(a>0.5, ones, zeros)
print("a= ", a)
print("b= ", b)
```

运行结果如下。

```
a= [ 0.70458677 0.5850161  0.70860247 0.4525155  0.22227021 0.48851791
     0.17105142 0.5517959  0.14588337 0.42649245]
b= [ 1. 1. 1. 0. 0. 0. 0. 1. 0. 0. ]
```

以上代码根据数组 a 的元素的值决定数组 b 对应元素的值，如果 a 中对应的元素大于 0.5，则 b 中的对应元素为 1，否则 b 中的对应元素为 0。

10.1.6　数组元素访问

以下代码创建了一维数组 a 和二维数组 b，并访问这两个数组的元素。

```
# 例 10.6 访问一维数组和二维数组元素的示例
import numpy as np
a=np.array([1,2,3,4])
b=np.array([[1,2,3,4], [11,12,13,14], [21,22,23,24]])
print("a[0] = ",a[0])            #访问 a 数组的第 0 个元素
print("a[2] = ",a[2])            #访问 a 数组的第 2 个元素
print("a[-1] = ",a[-1])          #访问 a 数组的最后一个元素
print("b[0, 0] = ",b[0, 0])      #访问 b 数组第 0 行第 0 列的元素
print("b[0, 1] = ",b[0, 1])      #访问 b 数组第 0 行第 1 列的元素
print("b[1, 2] = ",b[1, 2])      #访问 b 数组第 1 行第 2 列的元素
print("b[2, 2] = ",b[2, 2])      #访问 b 数组第 2 行第 2 列的元素
```

运行结果如下。

```
a[0] = 1
a[2] = 3
a[-1] = 4
b[0, 0] = 1
b[0, 1] = 2
b[1, 2] = 13
b[2, 2] = 23
```

在以上代码中，访问一维数组 a 采用一维下标，访问二维数组 b 采用二维下标。

10.1.7　数组切片操作

通过指定下标获得数值中的元素，或者通过指定下标范围来获得数组中的一组元素，这种获得数组元素的方式称为切片。

以下代码对数组进行切片操作。

```python
# 例 10.7 数组切片操作示例
import numpy as np
a=np.array([1,2,3,4])
b=np.array([[1,2,3,4], [11,12,13,14], [21,22,23,24]])
#对数组 a 进行切片得到一个子列表并输出，子列表的元素为 a[0]、a[1]
print("a[0:2] = ",a[0:2])
#以步长 2 对数组 a 进行切片并输出，子列表的元素为 a[0]、a[2]
print("a[0:4:2] = ",a[0:4:2])
#对数组 a 进行切片并输出，子列表的元素为 a[0]、a[1]、a[2]
print("a[:-1] = ",a[:-1])
#对数组 b 进行切片并输出，得到数组 b 的第 1 行、第 2 行
print("b[1:3] = ",b[1:3])
#对数组 b 进行切片
print("b[1:3, 2:4] = ",b[1:3, 2:4])
#对数组 b 进行切片并输出，得到数组 b 的第 1 行、第 2 行
print("b[1:3, :] = ",b[1:3, :])
#对数组 b 进行切片并输出，得到数组 b 的第 0 列、第 1 列、第 2 列
print("b[:, 0:3] = ",b[:, 0:3])
```

运行结果如下。

```
a[0:2] =  [1 2]
a[0:4:2] =  [1 3]
a[:-1] =  [1 2 3]
b[1:3] =  [[11 12 13 14]
          [21 22 23 24]]
b[1:3, 2:4] =  [[13 14]
               [23 24]]
b[1:3, :] =  [[11 12 13 14]
             [21 22 23 24]]
b[:, 0:3] =  [[ 1  2  3]
             [11 12 13]
             [21 22 23]]
```

10.1.8　改变数组形状

以下代码通过 np.reshape()函数改变数组的维度形状，形状改变后，元素总数保持不变。

```python
#例 10.8 改变数组形状的操作示例
import numpy as np
a=np.array([1,2,3,4,5,6,7,8,9,10,11,12])
b=np.array([[1,2,3],[11,12,13],[21,22,23]])
a1=np.reshape(a,[3,4])      #将一维数组 a 改变为 3 行 4 列的二维数组
a2=np.reshape(a,[2,-1])     #将一维数组 a 改变为 2 行的二维数组，-1 表示列数自动确定
                           #由于总共有 12 个元素，所以列数自动确定为 6
a3=np.reshape(a,[2,2,3])    #将一维数组 a 改变为三维数组
b1=np.reshape(b,[-1])       #将二维数组 b 改变为一维数组，-1 表示元素个数自动确定，此处为 9
```

```
print("a1= ", a1)
print("a2= ", a2)
print("a3= ", a3)
print("b1= ", b1)
```

运行结果如下。

```
a1= [[ 1  2  3  4]
 [ 5  6  7  8]
 [ 9 10 11 12]]
a2= [[ 1  2  3  4  5  6]
 [ 7  8  9 10 11 12]]
a3= [[[ 1  2  3]
    [ 4  5  6]]

   [[ 7  8  9]
    [10 11 12]]]
b1= [ 1  2  3 11 12 13 21 22 23]
```

10.1.9　二维数组转置

将原数组中的行换成同序数的列，得到的新的数组，称为数组的转置。

```
# 例 10.9 数组转置操作示例
import numpy as np
a=np.array([1,2,3,4])
b=np.array([[1,2,3],[4,5,6],[7,8,9]])
a1=a.T                                    #一维数组 a 的转置还是 a
b1=b.T                                    #二维数组 b 的转置，使得行变为列，列变为行
print("a1= ", a1)
print("b1= ", b1)
```

运行结果如下。

```
a1= [1 2 3 4]
b1= [[1 4 7]
   [2 5 8]
   [3 6 9]]
```

10.1.10　向量内积

以下代码使用数组的 dot 函数计算内积。

```
# 例 10.10 计算数组内积的操作示例
import numpy as np
a=np.array([1,2,3,4,5,6,7,8])
b=np.array([2,2,2,2,2,2,2,2])
c=np.array([2,2,2,2])
aT=np.reshape(a,[2,4])                    #改变 a 为 2 行 4 列的数组，保存在 aT 变量中
a_dot_b=a.dot(b)                          #将 a 与 b 对应元素相乘后求和
a_dot_a=a.dot(a)                          #将 a 与 a 对应元素相乘后求和
aT_dot_aT=aT.dot(c)                       #将 aT 中的每一行与 c 求内积
print("a_dot_b= ", a_dot_b)
print("a_dot_a= ", a_dot_a)
print("aT_dot_aT= ", aT_dot_aT)
```

运行结果如下。

```
a_dot_b= 72
a_dot_a= 204
```

```
aT_dot_aT= [20 52]
```

10.1.11　数组的函数运算

下列代码演示了常用的数组函数的使用方法。

```
# 例 10.11 常用数组函数使用示例
import numpy as np
a=np.arange(0, 100, 10, dtype=np.float32)    #创建一个等差数组
b=np.random.rand(10)                          #创建一个包含10个随机数的数组
a_sin=np.sin(a)                               #对数组a求正弦值
a_cos=np.cos(a)                               #对数组a求余弦值
b_round=np.round(b)                           #对数组b四舍五入
b_floor=np.floor(b)                           #对数组b求地板值
b_ceil=np.ceil(b)                             #求数组b求天花板值
print("a= ",a)
print("a_sin= ",a_sin)
print("a_cos= ",a_cos)
print("b= ",b)
print("b_round= ",b_round)
print("b_floor= ",b_floor)
print("b_ceil= ",b_ceil)
```

运行结果如下。

```
a= [ 0. 10. 20. 30. 40. 50. 60. 70. 80. 90.]
a_sin= [ 0.         -0.54402113  0.91294527 -0.98803163  0.74511313 -0.26237485
 -0.30481061  0.77389067 -0.99388868  0.89399666]
a_cos= [ 1.         -0.83907151  0.40808207  0.15425146 -0.66693807  0.964966
 -0.95241296  0.6333192  -0.11038724 -0.44807363]
b= [ 0.87299276  0.1351786   0.76393624  0.93645195  0.20173247  0.33445377
  0.74709541  0.41368494  0.53994007  0.41881629]
b_round= [ 1. 0. 1. 1. 0. 0. 1. 0. 1. 0.]
b_floor= [ 0. 0. 0. 0. 0. 0. 0. 0. 0. 0.]
b_ceil= [ 1. 1. 1. 1. 1. 1. 1. 1. 1. 1.]
```

10.1.12　对数组的不同维度元素进行计算

numpy 还可以对数组中不同维度元素进行计算。

```
# 例 10.12 计算数组中不同维度的元素示例
import numpy as np
a=np.array([[4,0,9,7,6,5],[1,9,7,11,8,12]],dtype=np.float32)
a_sum=np.sum(a)                               #计算a中所有元素的和
a_sum_0=np.sum(a,axis=0)                       #二维数组纵向求和
a_sum_1=np.sum(a,axis=1)                       #二维数组横向求和
a_mean_1=np.mean(a,axis=1)                     #二维数组横向求均值
weights=[0.7,0.3]                             #权重
a_avg_0=np.average(a,axis=0,weights=weights)   #纵向求加权平均值
a_max=np.max(a)                               #求所有元素的最大值
a_min=np.min(a,axis=0)                         #纵向求最大值
a_std=np.std(a)                               #求所有元素的标准差
a_std_1=np.std(a,axis=1)                       #横向求标准差
```

```
a_sort_1=np.sort(a,axis=1)                    #横向排序
print("a= ",a)
print("a_sum= ",a_sum)
print("a_sum_0= ",a_sum_0)
print("a_sum_1= ",a_sum_1)
print("a_mean_1= ",a_mean_1)
print("a_avg_0= ",a_avg_0)
print("a_max= ",a_max)
print("a_min= ",a_min)
print("a_std= ",a_std)
print("a_std_1= ",a_std_1)
print("a_sort_1= ",a_sort_1)
```

运行结果如下。

```
a= [[ 4.  0.  9.  7.  6.  5.]
 [ 1.  9.  7. 11.  8. 12.]]
a_sum= 79.0
a_sum_0= [ 5.  9. 16. 18. 14. 17.]
a_sum_1= [ 31. 48.]
a_mean_1= [ 5.16666651 8.         ]
a_avg_0= [ 3.1 2.7 8.4 8.2 6.6 7.1]
a_max= 12.0
a_min= [ 1.  0.  7.  7.  6.  5.]
a_std= 3.49901
a_std_1= [ 2.79384255 3.55902624]
a_sort_1= [[ 0.  4.  5.  6.  7.  9.]
 [ 1.  7.  8.  9. 11. 12.]]
```

10.1.13 广播

广播是矢量化运算中非常重要但又非常难以理解的一种对数据的操作方式。

```
# 例 10.13 广播使用示例
import numpy as np
a=np.arange(0,50,10).reshape(-1,1)            #创建一个数组，并改变形状
b=np.arange(0,5,1)
print("a= ",a)
print("b= ",b)
print("a+b= ",a+b)
print("a-b= ",a-b)
print("a*b= ",a*b)
```

运行结果如下。

```
a= [[ 0]
    [10]
    [20]
    [30]
    [40]]
b= [0 1 2 3 4]
a+b= [[ 0  1  2  3  4]
     [10 11 12 13 14]
     [20 21 22 23 24]
     [30 31 32 33 34]
     [40 41 42 43 44]]
a-b= [[ 0 -1 -2 -3 -4]
     [10  9  8  7  6]
```

```
                [20 19 18 17 16]
                [30 29 28 27 26]
                [40 39 38 37 36]]
a*b= [[ 0   0   0   0   0]
      [ 0  10  20  30  40]
      [ 0  20  40  60  80]
      [ 0  30  60  90 120]
      [ 0  40  80 120 160]]
```

10.1.14 计算数组中元素的出现次数

经常需要计算数组中某个元素出现的次数。

```
# 例 10.14 计算数组中元素的出现次数示例
import numpy as np
a=np.random.randint(0,10,7)              #在 0～10 产生 7 个随机整数
a_count=np.bincount(a)                   #计算每个数出现的次数
a_unique=np.unique(a)                    #返回数组中出现的元素值，并去除重复元素
print("a= ",a)
print("a_count= ",a_count)
print("a_unique= ",a_unique)
```

运行结果如下。

```
a= [2 6 7 4 7 7 4]
a_count= [0 0 1 0 2 0 1 3]
a_unique= [2 4 6 7]
```

10.1.15 矩阵运算

numpy 中也包含了矩阵运算。

```
# 例 10.15 矩阵运算示例
import numpy as np
a=np.matrix([[1,3,5,7],[2,4,6,8]])       #2 行 4 列矩阵
b=np.matrix([[2],[1],[2],[3]])           #4 行 1 列矩阵
print("a= ",a)
print("b= ",b)
print("a.T= ",a.T)                       #输出 a 的转置
print("a*b= ",a*b)                       #输出矩阵 a 与矩阵 b 相乘的结果
                                         #a 的列数必须与 b 的行数相同

print("a.sum()= ",a.sum())
print("a.max()= ",a.max())
```

运行结果如下。

```
a= [[1 3 5 7]
    [2 4 6 8]]
b= [[ 2.]
    [ 1.]
    [ 2.]
    [ 3.]]
a.T= [[1 2]
      [3 4]
      [5 6]
      [7 8]]
a*b= [[ 36.]
```

```
              [ 44.]]
a.sum()=  36
a.max()=  8
```

10.2   科学计算扩展库 scipy

scipy 是专门为科学计算和工程应用设计的 Python 工具包，建立在 numpy 基础上，通过操控 numpy 数组来进行科学计算，在 numpy 的基础上增加了大量用于科学计算和工程计算的模块，包括统计分析、优化、线性代数、常微分方程求解、图像处理、系数矩阵等。表 10-1 列出了 scipy 各模块的功能。

表 10–1   scipy 库的模块功能

模块名	功能
scipy.cluster	向量量化
scipy.constants	数学常量
scipy.fftpack	快速傅里叶变换
scipy.integrate	积分
scipy.interpolate	插值
scipy.io	数据输入输出
scipy.linalg	线性代数
scipy.ndimage	N 维图像
scipy.odr	正交距离回归
scipy.optimize	优化算法
scipy.signal	信号处理
scipy.sparse	稀疏矩阵
scipy.spatial	空间数据结构和算法
scipy.special	特殊数学函数
scipy.stats	统计函数

10.2.1   常数模块 constants

scipy 工具包的常数模块 constants 包含大量用于科学计算的常数。

```
# 例 10.16 constants 模块示例
from scipy import constants as C
print("圆周率: ", C.pi)
print("黄金比例: ", C.golden)
print("光速: ", C.c)
print("普朗克系数: ", C.h)
print("重力加速度: ", C.G)
print("一英里等于多少米: ", C.mile)
print("一英寸等于多少米: ", C.inch)
print("一度等于多少弧度: ", C.degree)
print("一分钟等于多少秒: ", C.minute)
```

运行结果如下。

圆周率：3.141592653589793

黄金比例：1.618033988749895

光速：299792458.0

普朗克系数：6.62607004e-34

重力加速度：6.67408e-11

一英里等于多少米：1609.3439999999998

一英寸等于多少米：0.0254

一度等于多少弧度：0.017453292519943295

一分钟等于多少秒：60.0

10.2.2　特殊函数模块 special

scipy 工具包的特殊函数模块 special 包含了大量的函数，包括基本数学函数和很多特殊函数。

```
# 例 10.17 special 模块示例
from scipy import special as S
print("求平方根：", S.cbrt(2))
print("10 的 3 次方", S.exp10(3))
print("正弦：", S.sindg(90))
print("四舍五入：", S.round(3.14))
print("四舍五入：", S.round(5.6))
print("从 5 个中任选 3 个：", S.comb(5,3))
print("排列数：", S.perm(5,3))
print("gamma 函数：", S.gamma(4))
```

运行结果如下。

求平方根：1.25992104989

10 的 3 次方 1000.0

正弦：1.0

四舍五入：3.0

四舍五入：6.0

从 5 个中任选 3 个：10.0

排列数：60.0

gamma 函数：6.0

10.2.3　多项式计算与符号计算

```
# 例 10.18 多项式计算与符号计算示例
from scipy import poly1d                              #poly1d 是多项式类
#创建一个名为 p1 的多项式对象，系数是 1,2,3,4
#相当于 p1=1*x^3 + 2*x^2 + 3*x^1 + 4
p1=poly1d([1,2,3,4])
print("p1(0): ", p1(0))                               #将 x=0 代入多项式，计算结果并输出
print("p1(2): ", p1(2))                               #将 x=2 代入多项式，计算结果并输出
#创建一个名为 p2 的多项式，该多项式对应方程的根是 1,2,3,4，相当于 p2=(x-1)(x-2)(x-3)(x-4)
```

```
p2=poly1d([1,2,3,4],True)
print("p2[0]: ", p2[0])                                    #将 x=0 代入多项式，计算结果并输出
print("p2[1]: ", p2[1])                                    #将 x=1 代入多项式，计算结果并输出
#创建一个名为 p3 的多项式，使用 y 作为变量，相当于 p1=1*y^3 + 2*y^2 + 3*y^1 + 4
p3=poly1d([1,2,3,4],variable="y")
print("p3[2]: ", p3[2])                                    #将 y=0 代入多项式，计算结果并输出
print("p3[3]: ", p3[3])                                    #将 y=1 代入多项式，计算结果并输出
#计算多项式对应方程的根
print("p1.r: ", p1.r)
print("p2.r: ", p2.r)
print("p3.r: ", p3.r)
#查看和修改多项式的系数
print("p1.c: ", p1.c)
p1.c[0]=6
print("p1.c: ", p1.c)
#查看多项的最高阶
print("p1.order: ", p1.order)
#查看指数为 3 的项的系数
print("p1[3]: ", p1[3])
#查看指数为 1 的项的系数
print("p1[1]: ", p1[1])
#多项式加、减、乘、除、幂运算
print("-p1: ", -p1)
print("p1+3: ", p1+3)
print("p1+p2: ", p1+p2)
print("p1-6: ", p1-6)
print("p1*3: ", p1*3)
print("p1*p2: ", p1*p2)
print("p1 ** 3: ", p1 ** 3)                                #多项式幂运算
#多项式求一阶导数
print("p1.deriv(): ", p1.deriv())
#多项式求二阶导数
print("p1.deriv(2): ", p1.deriv(2))
#多项式求一重补丁积分，常数项设为 0
print("p1.integ(m=1, k=0): ", p1.integ(m=1, k=0))
#多项式求二重补丁积分，常数项设为 0
print("p1.integ(m=2, k=4): ", p1.integ(m=2, k=4))
```

运行结果如下。

```
p1(0):  4
p1(2):  26
p2[0]:  24.0
p2[1]:  -50.0
p3[2]:  2
p3[3]:  1
p1.r:  [-1.65062919+0.j          -0.17468540+1.54686889j -0.17468540-1.54686889j]
p2.r:  [ 4.  3.  2.  1.]
p3.r:  [-1.65062919+0.j          -0.17468540+1.54686889j -0.17468540-1.54686889j]
p1.c:  [1 2 3 4]
p1.c:  [6 2 3 4]
p1.order:  3
```

```
p1[3]:  6
p1[1]:  3
-p1:        3     2
-6 x - 2 x - 3 x - 4
p1+3:       3     2
6 x + 2 x + 3 x + 7
p1+p2:       4       3       2
1 x - 4 x + 37 x - 47 x + 28
p1-6:       3     2
6 x + 2 x + 3 x - 2
p1*3:        3     2
18 x + 6 x + 9 x + 12
p1*p2:       7       6        5        4        3       2
6 x - 58 x + 193 x - 256 x + 109 x + 38 x - 128 x + 96
p1 ** 3:         9       8       7       6       5       4       3       2
216 x + 216 x + 396 x + 656 x + 486 x + 534 x + 459 x + 204 x + 144 x + 64
p1.deriv():      2
18 x + 4 x + 3
p1.deriv(2):
36 x + 4
p1.integ(m=1, k=0):        4           3       2
1.5 x + 0.6667 x + 1.5 x + 4 x
p1.integ(m=2, k=4):          5           4       3       2
0.3 x + 0.1667 x + 0.5 x + 2 x + 4 x + 4
```

10.3　数值计算可视化库 matplotlib

数值计算可视化库 matplotlib 依赖于 numpy 模块和 tkinter 模块，可以绘制多种样式的图形，包括线图、直方图、饼图、散点图、三维图等，图形质量可满足出版要求，是计算可视化的重要工具。在终端中输入如下命令安装 matplotlib 模块。

```
pip install matplotlib
```

10.3.1　绘制正弦曲线

plot 函数可以绘制给定定义域与值域的函数图像，例如，以下代码绘制正弦曲线。

```
# 例 10.19 使用 matplotlib 绘制正弦曲线示例
import numpy as np
import pylab as p1
x=np.arange(0, 2*np.pi, 0.01)          #创建等差数组
y=np.sin(x)                            #计算对应的 sin 值
p1.plot(x,y)                           #绘制
p1.xlabel("x")                         #x 轴标签
p1.ylabel("y")                         #y 轴标签
p1.title("sin")                        #标题
p1.show()                              #显示图形
```

运行结果如图 10-1 所示。

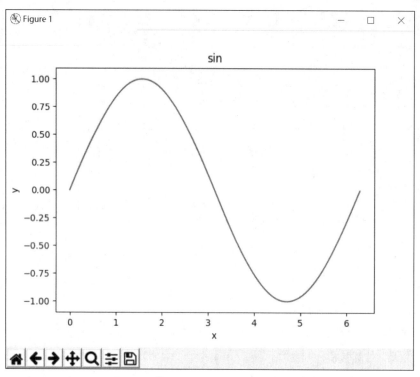

图 10-1　使用 matplotlib 绘制正弦曲线示例

10.3.2　绘制散点图

以下代码绘制余弦函数的散点图，绘制的函数是 scatter()。

```
# 例 10.20 使用 matplotlib 绘制散点图示例
import numpy as np
import pylab as p1
x=np.arange(0, 2*np.pi, 0.1)                    #创建等差数组，0.1 为步长
y=np.cos(x)                                      #计算对应的 cos 值
p1.scatter(x,y)                                  #绘制散点图
p1.xlabel("x")                                   #x 轴标签
p1.ylabel("y")                                   #y 轴标签
p1.title("sin")                                  #标题
p1.show()                                        #显示图形
```

运行结果如图 10-2 所示。

散点图是分析数据相关性常用的可视化方法，以下代码使用随机数生成数值，然后生成散点图，同时根据数值大小计算三点的大小。

```
# 例 10.21 使用 matplotlib 绘制随机散点图示例
import numpy as np
import pylab as p1
x=np.random.random(50)                          #产生 50 个 0~1 的小数，作为 x 轴坐标
y=np.random.random(50)                          #产生 50 个 0~1 的小数，作为 y 轴坐标
p1.scatter(x,y,s=x*100,c='r',marker='*')        #s 设置三点大小，c 设置颜色，marker 设置形状
p1.show()
```

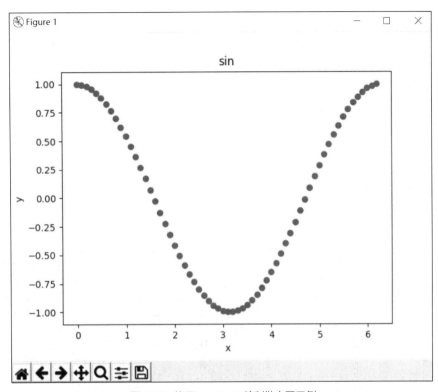

图 10-2 使用 matplotlib 绘制散点图示例

运行结果如图 10-3 所示。

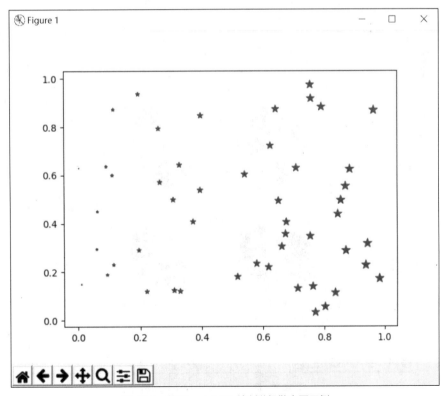

图 10-3 使用 matplotlib 绘制随机散点图示例

10.3.3 绘制饼图

```
# 例 10.22 使用 matplotlib 绘饼图示例
import numpy as np
import pylab as p1
labels=["Frogs", "Hogs", "Dogs", "Logs"]
sizes=[10,20,25,45]
colors=["yellow", "red", "green", "black"]
explode=[0, 0.1, 0, 0.1] #使饼图的第 2 片和第 4 片裂开

fig=p1.figure()
ax=fig.gca()
#以下绘制 4 个饼图，分别放置在 4 个不同角度
ax.pie(np.random.random(4), explode=explode, labels=labels, colors=colors, \
        autopct="%1.1f%%",shadow=True,startangle=90,radius=0.25,center=[0.5,0.5],frame=True)
ax.pie(np.random.random(4), explode=explode, labels=labels, colors=colors, \
        autopct="%1.1f%%",shadow=True,startangle=90,radius=0.25,center=[0.5,1.5],frame=True)
ax.pie(np.random.random(4), explode=explode, labels=labels, colors=colors, \
        autopct="%1.1f%%",shadow=True,startangle=90,radius=0.25,center=[1.5,0.5],frame=True)
ax.pie(np.random.random(4), explode=explode, labels=labels, colors=colors, \
        autopct="%1.1f%%",shadow=True,startangle=90,radius=0.25,center=[1.5,1.5],frame=True)
ax.set_xticks([0,2])
ax.set_yticks([0,2])
ax.set_xticklabels(["0", "1"])
ax.set_yticklabels(["0", "1"])
ax.set_aspect("equal")
p1.show()
```

运行结果如图 10-4 所示。

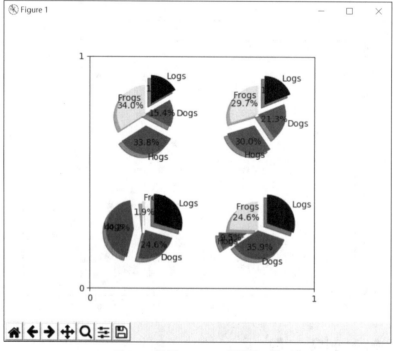

图 10-4 使用 matplotlib 绘饼图示例

10.3.4　绘制带有中文标签和图例的图

```
# 例 10.23 使用 matplotlib 绘制图例示例
import numpy as np
import pylab as p1
import matplotlib.font_manager as fm
#从 Windows 中加载 STKAITI 字体文件
myfont=fm.FontProperties(fname=r'c:/Windows/Fonts/STKAITI.ttf')
x=np.arange(0,2*np.pi,0.01)        #x 轴坐标
y=np.sin(x)                        #sin 值
z=np.cos(x)                        #cos 值
p1.plot(x,y,label="sin")
p1.plot(x,z,label="cos")
p1.xlabel('x', fontproperties='STKAITI', fontsize=24)
p1.xlabel('y', fontproperties='STKAITI', fontsize=24)
p1.title('sin-cos', fontproperties='STKAITI', fontsize=32)
p1.legend(prop=myfont)
p1.show()
```

运行结果如图 10-5 所示。

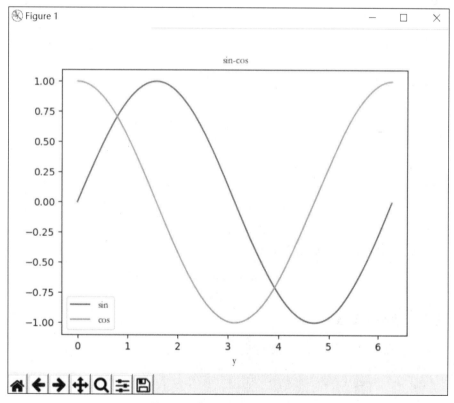

图 10-5　使用 matplotlib 绘制图例

10.3.5　绘制带有公式的图

```
# 例 10.24 使用 matplotlib 绘制带有公式的图
import numpy as np
```

```
import pylab as p1
x=np.arange(0, 2*np.pi, 0.01)
y=np.sin(x)
z=np.cos(x)
#标签前后加$符号，将内嵌的LaTex语句显示为公式
p1.plot(x,y,label="$sin(x)$",color="red",linewidth=2)
p1.plot(x,z,label="$cos(x^2)$")
p1.xlabel("Time(x)")    #x轴的标签
p1.ylabel("Volt")       #y轴的标签
p1.title("sin-cos")
p1.ylim(-1,2,1.2)
p1.legend()
p1.show()
```

运行结果如图 10-6 所示。

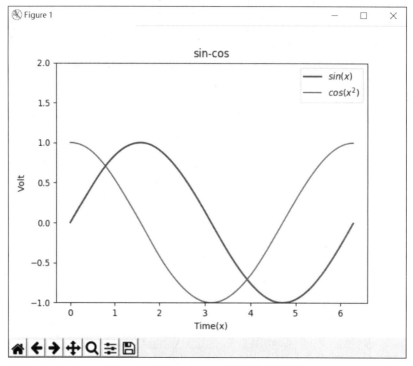

图 10-6　使用 matplotlib 绘制带有公式的图

10.3.6　绘制三维参数曲线

```
# 例 10.25 使用matplotlib绘制三维参数曲线
import numpy as np
import matplotlib as mpl
import matplotlib.pyplot as plt
from mpl_toolkits.mplot3d import Axes3D
mpl.rcParams["legend.fontsize"]=10                          #图例字体大小
fig=plt.figure()                                            #创建图
ax=fig.gca(projection="3d")                                 #三维图形
theta=np.linspace(-4*np.pi, 4*np.pi, 100)                   #将角度分成100等分
z=np.linspace(-4,4,100)*0.3                                 #测试数据
```

```
r=z**3+1
x,y=r*np.sin(theta),r*np.cos(theta)
ax.plot(x,y,z,label="3d")
ax.legend()
plt.show()
```

运行结果如图 10-7 所示。

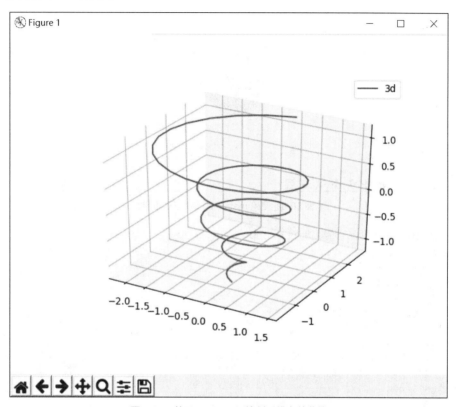

图 10-7　使用 matplotlib 绘制三维参数曲线

10.3.7　绘制三维图形

```
# 例 10.26 使用 matplotlib 绘制三维图形
import numpy as np
import matplotlib.pyplot as plt          #pyplot
import mpl_toolkits.mplot3d

x,y=np.mgrid[-2:2:20j, -2:2:20j]
z=50 * np.sin(x+y)                        #测试数据
ax=plt.subplot(111,projection="3d")       #三维图形
ax.plot_surface(x,y,z,rstride=2, cstride=1, cmap=plt.cm.Blues_r)
ax.set_xlabel("x")
ax.set_ylabel("y")
ax.set_zlabel("z")
plt.show()
```

运行结果如图 10-8 所示。

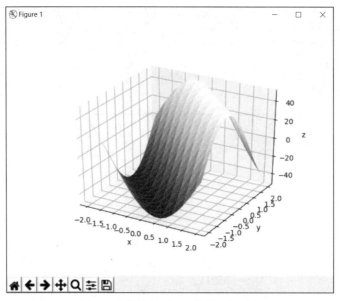

图 10-8　使用 matplotlib 绘制三维图形

```
# 例 10.27 使用 matplotlib 绘制复杂三维图形
import numpy as np
import matplotlib.pyplot as plt #pyplot
import mpl_toolkits.mplot3d

rho, theta=np.mgrid[0:1:40j, 0:2*np.pi:40j]
z=rho**2
x=rho*np.cos(theta)
y=rho*np.sin(theta)
ax=plt.subplot(111,projection="3d")
ax.plot_surface(x,y,z)
plt.show()
```

运行结果如图 10-9 所示。

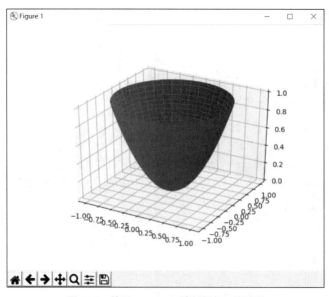

图 10-9　使用 matplotlib 绘制复杂三维图形

10.4　本章小结

本章介绍了安装并使用第三方库的方法，常见的第三方库包括：数值计算库 numPy、科学计算库 sciPy 和可视化库 matplotlib 等。

数值计算库 numPy 是 Python 进行数据处理的底层库，是高性能科学计算和数据分析的基础，比如著名的 Python 机器学习库 SKlearn 就需要 numPy 的支持。掌握 numPy 的基础数据处理能力是利用 Python 进行数据运算及机器学习的基础。它的主要功能特性包括：具有数组（ndarray）能力，这是一个具有矢量算术运算和复杂广播的快速且节省空间的多维数组；具有对整组数据进行快速运算的标准数学函数（代替循环实现）；读写数据以及操作内存映射文件；线性代数、随机数生成以及傅里叶变换功能；可集成 C、C++、Fortran 等语言，提供了简单易用的 C 语言的 API，很容易将数据传递给用低级语言编写的外部库，也能以 numPy 数组的形式将数据返回给 Python。

科学计算库 scipy 在 numPy 库的基础上增加了众多的数学、科学以及工程计算中常用的库函数，如线性代数、常微分方程数值求解、信号处理、图像处理、稀疏矩阵等。在实现一个程序之前，需要检查所需的数据处理方式是否已经在 scipy 中存在了。

可视化库 matplotlib 是一个 Python 2D 绘图库，不仅可以执行程序文件绘制需要的图形，还可以在交互式环境中生成出版质量的图形数据。matplotlib 可用于 Python 脚本和 Ipythonshell、jupyter 笔记本、Web 应用程序服务器等各种工作环境。可以用几行代码生成函数图、散点图、饼图等可视化图形。

10.5　课后习题

扫码在线做习题

一、单选题

1. 使用 numpy 创建数组，以下选项（　　　）是错误的。

    A.　x=np.array([5])

    B.　x=np.array((5))

    C.　x=np.ones([5])

    D.　x=np.array('5')

2. a 是 numpy 数组，值为[1,2,3]；b 是 numpy 数组，值为[[1,2,3], [4,5,6], [7,8,9]]，a * b 的运行结果是（　　　）。

    A.　[[1,　4,　9],

        [4, 10, 18],

        [7, 16, 27]]

    B.　[[2,　4,　6],

        [5,　7,　9],

        [8, 10, 12]]

C. [[0,   0,   0],

[–3, –3, –3],

[–6, –6, –6]]

D. 以上都不正确

二、填空题

1. 创建 numpy 数组的语句是_____，创建全零 numpy 数组的语句是_____，numpy 的 32 位浮点型是_____，创建 numpy 等差数组的语句是_____。

2. 导入 matplotlib 的语句是_____，使用 matplotlib 绘制散点的函数是_____。

三、编程题

1. 使用 numpy 数组计算由 5 个坐标：(1, 9)、(5, 12)、(8, 20)、(4, 10)、(2, 8)构成的图形的周长。

2. 选择一篇英文文章，计算其中每个单词出现的次数，并用饼图显示其中出现次数最多的前 5 个单词。

第11章　学生成绩管理系统的设计与实现

学习目标

- 学会使用 Python 设计并开发一个完整的系统。
- 能够根据问题的求解需要定义合理的数据结构，设计相应算法。
- 掌握包、模块、函数在系统中的实现方法，会合理划分程序。

本章电子课件

到目前为止，Python 语言的完整知识已经介绍完毕了。本章以开发一个学生成绩管理系统作为实践范例，演示如何使用 Python 创建一个完整的应用软件。

11.1　系统概述

一个综合的学生成绩管理系统，要求能够管理若干学生各门课程的成绩，需要实现以下功能：读取以数据文件形式存储的学生信息；按学号增加、修改、删除学生的信息；按照学号、姓名、名次等方式查询学生信息；按照学号顺序浏览学生信息；统计每门课的最高分、最低分和平均分；计算每个学生的总分并进行排名。

根据要求的功能，用面向对象及结构化程序设计的思想，设计项目包含的数据类型并将系统分成五个功能模块：显示基本信息模块、基本信息管理模块、学生成绩管理模块、考试成绩统计模块和根据条件查询信息模块。各功能模块下又有不同的子模块，如图 11-1 所示。

为实现该系统，需要解决以下问题。

（1）数据的表示。用什么样的数据类型能够正确、合理、全面地表示学生的信息，每个学生必须有哪些信息。

（2）数据的存储。用什么样的结构存储学生的信息，有利于提高可扩充性并方便操作。

（3）数据的永久存储。数据以怎样的形式保存在磁盘上，避免重复录入数据。

（4）如何能做到便于操作。即人机接口的界面友好，方便用户操作。

（5）如何抽象各个功能，做到代码复用程度高，函数的接口尽可能简单明了。

接下来就从数据类型的定义开始实现系统。

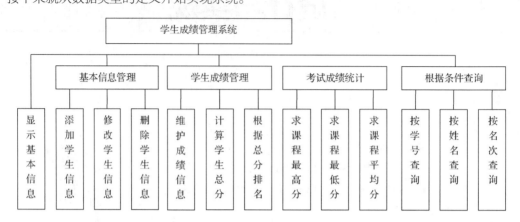

图 11-1　学生成绩管理系统的功能模块

11.2　数据类型的定义

根据系统要求，一个学生的信息包含表 11-1 所示的几个方面。

表 11–1　　　　　　　　　　　　　学生信息表

需要表示的信息	成员名	类型	成员值的获得方式
学号	num	整数	用户输入
姓名	name	字符串	用户输入
性别	gender	字符串	用户输入
3 门课程的成绩	score	列表	用户输入
总分	total	整数	根据 3 门课程成绩计算
名次	rank	整数	根据总分计算

显然，将不同类型的成员作为同一个变量的不同成分，必须用类来定义。表示学生信息对应的类的定义如下。

```
class Student(object):                          #学生记录数据域
    def __init__(self,num=0,name='',sex='',score=[0,0,0],total=0,rank=0):
        self.num = num                          #学号
        self.name = name                        #姓名
        self.sex = sex                          #性别
        self.score = score                      #3 门课程的成绩
        self.total = total                      #总分
        self.rank = rank                        #名次
```

为了存放多个学生的信息，定义 Student 类型的对象列表，学生信息在内存中以顺序存储的方式存放。在这种方式下，有足够大的连续内存空间保证可以存放下所有记录，使访问任意数组元素方便快捷、效率高。

11.3　为学生类型定制的基本操作

之前分析了该系统中表示学生信息类型的具体定义，为了完成系统既定的功能，需要对对象列表或对象成员进行相应的操作，以函数的形式体现出来，这些函数将会在各个模块中调用。

由图 11-1 可知，在对象列表或对象成员上，需要提供下列基本操作：读入一个或一批记录、输出一个或一批记录、查找、删除、修改、排序、求总分和名次、求课程的各种分数等，在这些函数中还会用到按一定的条件判断两个对象成员是否相等，以及二者之间的大小关系。

因此，将基于 Student 类型基本操作的定义和实现放在 Student.py 文件中。文件的内容如下。

```python
# 例 11.1 Sutdent.py 文件用来定义学生信息的各类操作
class Student(object):
    #学生信息类
    def __init__(self,num=0,name='',gender='',score=[0,0,0],total=0,rank=0):
        self.num = num                          #学号
        self.name = name                        #姓名
        self.gender = gender                    #性别
        self.score = score                      #3 门课程的成绩
        self.total = total                      #总分
        self.rank = rank                        #名次


def readStu(stu,n=100):
    #读入学生记录值，学号为 0 或读完规定条数记录时停止
    while n>0:
        oneStu = Student()
        print("请输入一个学生的详细信息（学号为 0 时结束输入）: ")
        oneStu.num = int(input("学号: "))       #输入学号
        if oneStu.num == 0:                     #学号为 0 时停止输入
            break
        else:
            for i in range(0,len(stu)):
                if equal(stu[i],oneStu,1):      #学号相同不允许插入，以保证学号的唯一性
                    print("列表中存在相同的学号，禁止插入! ")
                    return len(stu)
        oneStu.name = input("姓名: ")           #输入名字
        oneStu.gender = input("性别: ")         #输入性别
        oneStu.total = 0                        #总分需要计算求得，初值置为 0
        print("请输入该学生三门课程的成绩，用空格分割: ")
        oneStu.score = list(map(int,input().split()))
        if len(oneStu.score) != 3:              #输入三门课程的成绩，如果不对，重新输入
            print("成绩输入错误，请重新输入学生信息! ")
            continue
        oneStu.rank = 0                         #名次需要根据总分来计算，初值置为 0
        stu.append(oneStu)
        n=n-1
    return len(stu)                             #返回实际读入的记录条数

def printStu(stu,n=100):
```

```
        #输出所有学生记录的值
        count=0
        for i in range(len(stu)):
            print(stu[i].num,'\t',stu[i].name,'\t',stu[i].gender,sep='',end='\t')
            for j in range(3):
                print(stu[i].score[j],end='\t')
            print(stu[i].total,end='\t')
            print(stu[i].rank)
            count=count+1
            if count>=n:                          #只打印指定条数的记录
                break

def equal(s1,s2,condition):
    #如何判断两个 student 记录相等
    if condition == 1:                            #如果参数 condition 的值为 1，则比较学号
        return s1.num == s2.num
    elif condition == 2:                          #如果参数 condition 的值为 2，则比较姓名
        if s1.name==s2.name:
            return 1
        else:
            return 0
    elif condition == 3:                          #如果参数 condition 的值为 3，则比较名次
        return s1.rank == s2.rank
    elif condition == 4:                          #如果参数 condition 的值为 4，则比较总分
        return s1.total == s2.total
    else:
        return 1

def larger(s1,s2,condition):
    #根据 condition 条件比较两个 student 记录的大小
    if condition == 1:                            #如果参数 condition 的值为 1，则比较学号
        return s1.num > s2.num
    if condition == 2:                            #如果参数 condition 的值为 2，则比较总分
        return s1.total > s2.total
    else:
        return 1

def reverse(stu):
    #数组元素逆置
    n=len(stu)
    for i in range(0,int(n/2)):                   #循环次数为元素数量的一半
        temp = stu[i]
        stu[i] = stu[n-1-i]
        stu[n-1-i] = temp

def calcuTotal(stu):
    #计算所有学生的总分
    for s in stu:                                 #外层循环控制所有学生记录
        s.total = sum(s.score)

def calcuRank(stu):
    sortStu(stu,2)                                #先调用 sortStu 算法，按总分由小到大排序
```

```
        reverse(stu)                                    #再逆置，按总分由大到小排序
        stu[0].rank = 1                                 #第一条记录的名次一定是1
        for i in range(1,len(stu)):                     #从第 2 条记录一直到最后一条进行循环
            if equal(stu[i],stu[i-1],4):                #如果当前记录与其相邻的前一条记录总分相等
                stu[i].rank = stu[i-1].rank             #则当前记录名次等于其相邻的前一条记录名次
            else:
                stu[i].rank = i+1                       #如不相等，则当前记录名次等于其下标号+1


def calcuMark(m,stu,n):
    #求三门课程的最高分、最低分、平均分
    #其中形式参数二维参数 m 的第一维代表三门课程，第二维代表最高分、最低分、平均分
    for i in range(0,3):                                #求三门课程的最高分
        m[i][0] = stu[0].score[i]
        for j in range(1,n):
            if m[i][0] < stu[j].score[i]:
                m[i][0] = stu[j].score[i]
    for i in range(0,3):                                #求三门课程的最低分
        m[i][1] = stu[0].score[i]
        for j in range(1,n):
            if m[i][1] > stu[j].score[i]:
                m[i][j] = stu[j].score[i]
    for i in range(0,3):                                #求三门课程的平均分
        m[i][2] = 0
        for j in range(1,n):
            m[i][2] += stu[j].score[i]
        m[i][2] /= n


def sortStu(stu,condition):                             #选择法排序，按 condition 条件由小到大排序
    t=Student()
    i=0
    j=0
    minpos=0                                            #minpos 用来存储本趟最小元素所在下标
    for i in range(0,len(stu)-1):                       #控制循环的 n-1 趟
        minpos=i
        for j in range(i+1,len(stu)):                   #寻找本趟最小元素所在的下标
            if larger(stu[minpos],stu[j],condition):
                minpos=j
        if i!=minpos:                                   #保证本趟最小元素到达下标为 i 的位置
            t=stu[i]
            stu[i]=stu[minpos]
            stu[minpos]=t


def searchStu(stu,s,condition,f):                       #在 stu 列表中按 condition 条件查找
    #与 s 相同的元素，由于不止一条记录符合条件，因此将这些元素的下标置于 f 数组中
    find=0
    for i in range(0,len(stu)):                         #待查找的元素
        if equal(stu[i],s,condition):
            f.append(i)                                 #找到了相等的元素，将其下标放到 f 列表中
            find+=1                                     #统计找到的元素个数
    return find                                         #返回 find，其值为 0，表示没找到
```

```
def deleteStu(stu,s):                              #从列表中删除指定学号的一个元素
    for i in range(0,len(stu)):                    #寻找待删除的元素
        if equal(stu[i],s,1):                      #如果找到相等元素
            del stu[i]                             #删除对应的元素
            break
    else:                                          #如果找不到待删除的元素
        print("该学生不存在，删除失败！")            #给出提示信息后返回
    return len(stu)                                #返回现有个数
```

这里的函数主要涉及输入/输出、查找、插入、删除、求最值、求平均值等功能，这些算法的思想在前面都已经介绍过，只是此处换成了对象列表，方法相同，在此不再赘述。

但是，需要对其中的部分函数做如下说明。

（1）readStu( )和 printStu( )函数都是实现读入或输出 *n* 个元素，当实参 n 为 1 时，这两个函数的功能是读入或输出一个记录，在后续的程序中有时需要对单个记录进行输入/输出处理，有时是批量进行输入/输出，这两种需求这两个函数都适用。

（2）equal 函数中的形式参数 condition 是为了使函数更通用。因为程序中需要用到多种判断相等的方式：按学号、按分数、按名次、按姓名，没有必要分别写出 4 个判断相等的函数，所以用同一个函数实现，通过 condition 参数来区别到底需要按什么条件进行判断，简化了程序的接口。

（3）larger 函数中形式参数 condition 的用法和意义与 equal 函数中的相同，在程序中排序主要是根据学号或分数进行，因此 larger 函数中 condition 的取值只定义了两种，读者在实现程序时，如果还有其他需要判断大小的情况，则增加 condition 变量的选值即可。

（4）calcuRank 函数用来计算所有学生的名次，在本函数中，要充分考虑相同总分的学生名次相同，并且在有并列名次的情况下，后面同学的名次应该跳过空的名次号。例如，有两个学生并列第 5 名，则下一个分数的学生应该是第 7 名而不是第 6 名，这在赋值时用双分支 if 语句来控制。

（5）searchStu 函数用来实现按一定条件的查询，该函数将被查询模块调用，查询的依据有学号、姓名、名次。本系统中，只有按学号查询得到的结果是唯一的，因为在进行插入、删除等基本信息的管理时已经保证了学号的唯一性。按姓名及名次查询都有可能得到多条记录结果。因此，在该函数中用 f 数组来存储符合条件的记录的下标，通过此参数将所有查询下标返回给主调用函数，从而得出查询后所有符合条件的结果。函数的返回值是符合查询条件的元素个数，这样便于主调函数控制数组输出时的循环次数。

（6）函数 calcuMark 用来求三门课程的最高分、最低分、平均分，共有 9 个信息，因此形式参数表中用一个二维数组来返回这 9 个求解的结果，第一下标代表哪门课程，第二下标的 0、1、2 分别对应最高分、最低分、平均分。

这些定义在类 Student 之上的函数，将在主控模块的各个子功能相应位置调用。

11.4　用文本文件实现数据的永久保存

程序每次运行时，自动调用 readFile( )函数打开文件，从文件中将一条条记录信息读取到内存，保存在对象列表中。如果此时文件还不存在，则调用建立初始文件的函数 createFile( )，将从键盘读

入的一条条记录存入文件中；在程序每次运行结束退出前，调用 saveFile( )函数将内存中的所有记录保存到文件中。

文件的建立、读出、保存这三个函数定义在 file.py 文件中。

```python
# 例 11.2 file.py 文件用来建立、读取与保存数据文件
from student import *
#stu 为存储 student 类的对象列表
def createFile(stu):                            #建立初始的数据文件
    try:
        fp=open('student.txt','w')              #指定好文件名，以写入方式打开
    except IOError:
        print("文件打开错误！")                  #若打开失败，则输入提示信息
        exit()                                  #然后退出
    print("请输入初始的学生列表信息：")
    readStu(stu)                                #调用 student.py 中的函数读入数据
    tab='\t'
    for i in range(len(stu)):                   #将刚才读入的所有记录一次性写入文件
        s=str(stu[i].num)+tab+str(stu[i].name)+tab+str(stu[i].gender)+tab+\
            str(stu[i].score[0])+tab+str(stu[i].score[1])+tab+str(stu[i].score[2])+\
            tab+str(stu[i].total)+tab+str(stu[i].rank)+'\n'
        fp.writelines(s)
    fp.close()
    return len(stu)


def readFile(stu):                              #将文件的内容读出到对象列表 stu 中
    try:
        fp=open('student.txt','r')              #以读的方式打开指定文件
    except IOError:
        print("学生信息文件不存在，请输入初始数据创建该文件：")
                                                #如果打开失败，则输出提示信息
        return 0                                #然后返回 0
    s=['']
    for line in fp.readlines():
        line=line.rstrip('\n')
        s=line.split('\t')
        oneStu = Student()
        oneStu.num=int(s[0])
        oneStu.name=s[1]
        oneStu.gender=s[2]
        for j in range(3):
            oneStu.score[j]=int(s[j+3])
        oneStu.total=int(s[6])
        oneStu.rank=int(s[7])
        stu.append(oneStu)
    fp.close()                                  #关闭文件
    return len(stu)                             #返回记录条数

def saveFile(stu):                              #将对象列表的内容写入文件
    try:
        fp=open('student.txt','w')              #以写的方式打开指定文件
    except IOError:
```

```
            print("文件打开错误！")                    #如果打开失败，则输出信息
            exit(0)                                      #然后退出
    tab='\t'
    for i in range(len(stu)):
        s=str(stu[i].num)+tab+str(stu[i].name)+tab+str(stu[i].gender)+tab+\
        str(stu[i].score[0])+tab+str(stu[i].score[1])+tab+str(stu[i].score[2])+\
        tab+str(stu[i].total)+tab+str(stu[i].rank)+'\n'
      fp.writelines(s)
    fp.close()                                          #关闭文件
```

11.5 用两级菜单四层函数实现系统

系统的实现充分考虑模块的合理划分、代码的可重用性等问题，完整的程序由 3 个文件组成：student.py、file.py、main.py。

在 Python 环境下，应将以上 3 个文件加入同一个项目中，并保存于同一个文件夹下。

所有的菜单都是通过定义函数，并被其他函数调用后显示，以起到提示作用。根据操作时显示的顺序，5 个菜单分为两级。两级菜单的使用提高了人机交互性，而且同一层菜单可多次选择再结束，操作更便捷灵活。

对照图 11-1，各菜单的具体信息如表 11-2 所示。

表 11-2　　　　　　　　　　　　　　　**系统中的各个菜单的具体信息**

菜单	主菜单	基本信息管理菜单	学生成绩管理菜单	考试成绩统计菜单	根据条件查询菜单
函数名	def menu()	def menuBase()	def menuScore()	def menuCount()	def menuSearch()
对应功能模块	学生成绩管理系统	基本信息管理	学生成绩管理	学生成绩统计	根据条件查询
被哪个函数调用	main 函数	baseManage 函数	scoreManage 函数	countManage 函数	searchManage 函数

main.py 文件中共定义了 13 个函数，每一个函数的功能明确，代码简洁，使得整个系统很好地体现了模块化程序设计思想。根据函数之间的调用关系，分为 4 层函数，代码如下。

```
#例 11.3 main.py 主程序，用来主导整个程序的执行
from file import *
from student import *
def printHead():
    #打印学生信息表头
    print('学号\t 姓名\t 性别\t 数学\t 英语\t 计算机\t 总分\t 名次')


def menu():
    #1.顶层菜单函数
    print('********1.显示基本信息********')
    print('********2.基本信息管理********')
    print('********3.学生成绩管理********')
    print('********4.考试成绩统计********')
    print('********5.根据条件查询********')
    print('********0.退出        ********')


def menuBase():
    #2.基本信息管理菜单函数
```

```
    print('********1.插入学生记录********')
    print('********2.删除学生记录********')
    print('********3.修改学生记录********')
    print('********0.返回上层菜单********')

def menuScore():
    #3.学生成绩管理菜单函数
    print('********1.计算学生总分********')
    print('********2.根据总分排名********')
    print('********0.返回上层菜单********')

def menuCount():
    #4.考试成绩统计菜单函数
    print('********1.求课程最高分********')
    print('********2.求课程最低分********')
    print('********3.求课程平均分********')
    print('********0.返回上层菜单********')

def menuSearch():
    #5.根据条件查询菜单函数
    print('********1.按学号查询   ********')
    print('********2.按姓名查询   ********')
    print('********3.按名次查询   ********')
    print('********0.返回上层菜单********')

def baseManage(stu):
    #该函数完成基本信息管理，按学号进行插入、删除、修改，学号不能重复
    choice=0
    t=0
    find=[]
    oneStu=Student()
    while True:                                 #按学号进行插入、删除、修改，学号不能重复
        menuBase()                              #显示对应的二级菜单
        print("请输入您的选择（0-3）: ")
        choice=int(input())                     #读入选项
        if choice==1:
            readStu(stu,1)                      #读入一条待插入的学生记录
        elif choice==2:
            print("请输入需要删除的学生学号: ")
            oneStu.num=int(input())             #读入一个待删除的学生学号
            deleteStu(stu,oneStu)               #调用函数删除指定学号的学生记录
        elif choice==3:
            print("请输入需要修改的学生学号: ")
            oneStu.num=int(input())             #读入一个待修改的学生学号
            t=searchStu(stu,oneStu,1,find)      #调用函数查找指定学号的学生记录
            if t:                               #如果该学号的记录存在
                newStu=[]
```

```
                    readStu(newStu,1)                    #读入一条完整的学生记录信息
                    stu[find[0]]=newStu[0]               #将刚读入的记录赋值给需要修改的数组记录
                else:                                    #如果该学号的记录不存在
                    print("该学生不存在，无法修改其信息！")      #输出提示信息
        if not choice:
            break
    return len(stu)                                      #返回当前操作结束后的实际记录条数

def scoreManage(stu):
    #该函数完成学生成绩管理功能
    choice=0
    while True:
        menuScore();                                     #显示对应的二级菜单
        print("请输入您的选择（0-2）: ")
        choice=int(input())                              #读入二级选项
        if choice==1:
            calcuTotal(stu)                              #求所有学生的总分
        elif choice==2:
            calcuRank(stu)                               #根据所有学生的总分排名
        if not choice:
            break

def printMarkCourse(s,m,k):
    #打印分数通用函数，被 countManage 函数调用
    #形参 k 代表输出不同的内容，0、1、2 分别对于最高分、最低分、平均分
    #i=0
    print(s)                                             #这里的 s 传入的是输出分数的提示信息
    for i in range(3):                                   #i 控制哪一门课程
        print('{:.2f}'.format(m[i][k]),end='\t')
    print('')

def countManage(stu,n):                                  #该函数完成考试成绩统计功能
    choice=0
    mark= [0,0,0],[0,0,0],[0,0,0]
    while True:
        menuCount()                                      #显示对应的二级菜单
        calcuMark(mark,stu,n)                            #调用此函数求三门课程的最高分、最低分、平均分
        print("请输入您的选择（0-3）: ")
        choice=int(input())
        if choice==1:
            printMarkCourse("三门课程的最高分分别是: ",mark,0)  #输出最高分
        elif choice==2:
            printMarkCourse("三门课程的最低分分别是: ",mark,1)  #输出最低分
        elif choice==3:
            printMarkCourse("三门课程的平均分分别是: ",mark,2)  #输出平均分
        if not choice:
            break

def searchManage(stu):
    #该函数完成根据条件查询功能
```

```
            i=0
            choice=0
            findnum=0
            s=Student()
            while True:
                menuSearch()                                #显示对应的二级菜单
                print("请输入您的选择（0-5）: ")
                choice=int(input())
                if choice==1:
                    print("请输入待查询学生的学号: ")
                    s.num=int(input())                      #输入待查询学生的学号
                elif choice==2:
                    print("请输入待查询学生的姓名: ")
                    s.name=input()                          #输入待查询学生的姓名
                elif choice==3:
                    print("请输入待查询学生的名次: ")
                    s.rank=int(input())                     #输入待查询学生的名次
                if choice>=1 and choice<=3:
                    f=[]
                    findnum=searchStu(stu,s,choice,f)       #查找的符合条件元素的下标存于 f 列表中
                    if findnum:                             #如果查找成功
                        printHead()                         #打印表头
                        for i in range(findnum):            #循环控制 f 列表的下标
                            printStu([stu[f[i]]],1)         #每次输出一条记录
                    else:
                        print("查找的记录不存在")             #如果查找不到元素，则输出提示信息
                if not choice:
                    break

def runMain(stu,choice):
    #主控模板，根据用户的输入，选择执行下一级菜单的功能
    if choice==1:
        printHead()                                         #1.显示基本信息
        sortStu(stu,1)                                      #按学号由小到大对记录进行排序
        printStu(stu)                                       #按学号由小到大的顺序输出所有记录
    elif choice==2:
        n=baseManage(stu)                                   #2.基本信息管理
    elif choice==3:
        scoreManage(stu)                                    #3.学生成绩管理
    elif choice==4:
        countManage(stu)                                    #4.考试成绩统计
    elif choice==5:
        searchManage(stu)                                   #5.根据条件查询

if __name__=="__main__":
    stu=[]                                                  #定义实参一维列表存储学生记录
    n=readFile(stu)                                         #首先读取文件，记录条数返回赋值给 n
    if n==0:                                                #如果原来文件为空
        n=createFile(stu)                                   #则首先建立文件，从键盘上读入一系列记录存于文件
```

151

```
        while True:
            menu()                                      #显示主菜单
            choice=int(input("请输入您的选择（0-5）: "))
            if (choice>=0) and (choice<=5):
                    runMain(stu,choice)                 #调用此函数选择执行一级功能项
            else:
                    print("输入错误，请重新输入！")
            if choice==0:
                    break
        sortStu(stu,1)                                  #存入文件前按学号由小到大排序
        saveFile(stu)                                   #将结果存入文件
```

在编制上述程序时，请注意以下几点。

（1）如果第一次运行，数据文件是空的，则会自动调用 createFile 函数，用户需要先从键盘上输入一系列元素，程序执行保存操作。

（2）在运行插入、删除、修改之后，一定要注意，必须选择第三个一级菜单功能，即"3.学生成绩管理"功能，并且重新选择其下的两个子菜单分别计算总分和排名，这样才是修改基本信息之后最新的成绩与排名情况。在查询时，根据姓名和名字查询都有可能显示多条记录，上述演示中就有查询名次显示并列名次的两条记录信息。

（3）每一级菜单函数都放在循环体中调用，目的是使得每一次操作结束后，重新显示菜单。该系统的功能划分还可以有其他的方法，请读者自行设计其他的方案，并仿照此程序的实现方法，设计一个类似的信息管理系统。

（4）在开发系统时，一定要考虑数据的存储问题，因为每次运行原始数据都从键盘读入是不科学，也是不可行的，所以文件的操作非常重要，对应于对象列表或字典类型的数据用文本文件更为直观，用户也可根据需要选择使用二进制形式保存文件。

（5）对系统要实现的功能按自顶向下、逐步细化、模块化的思想进行结构化设计是非常重要的。每一个功能用一个或多个函数对应实现，在设计时充分考虑对功能的抽象，如何定义函数，使函数的功能更加通用，能为多个功能提供服务；函数与函数之间怎样传递数据，即参数和返回值类型如何设定。每一个函数的功能都必须清晰、代码简洁明了，这是系统设计中非常重要的问题。

（6）另外，友好的人机交互界面，将大大方便用户，这也是系统设计时需要考虑的问题。因为开发者一定要将用户理解为完全不懂程序，只是在一个易操作的界面指导下使用程序完成特定功能。因此，菜单设计要清晰合理，也要充分考虑程序中的意外错误，提示信息要丰富完整。

11.6　课后习题

编程题

1. 改造学生成绩管理系统的第一个模块——"显示基本信息"，使其不仅能按学号输出所有的学生记录，还能按分数由高到低（即按名次从 1 开始递增）输出所有学生的记录。

2. 将本章实例程序改造成基于单链表结构实现，功能要求完全相同。

3. 对身边需要进行信息管理的系统（如图书系统、小型财务系统、购物管理系统等），仿照此系统的设计方法进行设计并编程实现。

附录A　配套实验

本书中的配套实验，实验环境为 Python 3.6，每次实验大约需要 2 个学时。因为实现程序功能的方法往往不止一种，下面给出的解决方案仅供读者参考。

实验一　使用 Turtle 库绘制七巧板

实验目的
- 了解和掌握 Python 程序的编辑和运行方法。
- 掌握 Python 中 Turtle 库的使用方法。
- 掌握使用 Turtle 绘制图形的一般流程。

实验内容
请使用 Python 提供的内置 Turtle 库，绘制七巧板，如图 A-1 所示，可以按比例缩放。除了拼出默认的方形，建议读者也可以编写程序将图中的色块自由组合成其他的形状。

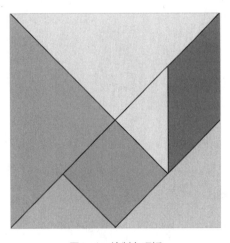

图A-1　绘制七巧板

参考代码
```
import turtle
turtle.up()
```

```
turtle.goto(-200,200)
turtle.down()
turtle.pensize(0)
#绘制上方三角形
turtle.color("#caff67")
turtle.begin_fill()
turtle.goto(200,200)
turtle.home()
turtle.goto(-200,200)
turtle.end_fill()
#绘制左方大三角形
turtle.color("#67becf")
turtle.begin_fill()
turtle.goto(-200,-200)
turtle.home()
turtle.end_fill()
#绘制中间小三角形
turtle.color("#f9f51a")
turtle.begin_fill()
turtle.goto(100,100)
turtle.goto(100,-100)
turtle.end_fill()
#绘制右边平行四边形
turtle.color("#ef3d61")
turtle.begin_fill()
turtle.goto(100,100)
turtle.goto(200,200)
turtle.goto(200,0)
turtle.end_fill()
#绘制右下三角形
turtle.color("#f6ca29")
turtle.begin_fill()
turtle.goto(200,-200)
turtle.goto(0,-200)
turtle.end_fill()
#绘制下方正方形
turtle.color("#a594c0")
turtle.begin_fill()
turtle.goto(100,-100)
turtle.goto(0,0)
turtle.goto(-100,-100)
turtle.end_fill()
#绘制左下三角形
turtle.color("#fa8ecc")
turtle.begin_fill()
turtle.goto(0,-200)
turtle.goto(-200,-200)
turtle.end_fill()
#绘制完毕
turtle.hideturtle()
turtle.done()
```

实验二　程序的流程控制

实验目的

- 了解程序的 3 种常见流程结构。
- 掌握 Python 中分支结构程序的一般书写方法。
- 掌握 Python 中循环结构程序的一般书写方法。

实验内容

（1）编写程序接收用户从键盘上输入的 3 个整数，求出其中的最小值并输出在屏幕上。

（2）编写程序接收用户从键盘输入的一个 1～7 的整数，该整数表示一个星期中的第几天，在屏幕上输出对应的英文单词。（提示：1 表示星期一，7 表示星期日。）

（3）编写程序输出 10～50 所有 3 的倍数，并规定一行输出 5 个数。（提示：不要忘记一行输出 5 个数。）

（4）编写程序输出 100～1 000 的水仙花数。所谓水仙花数，是指一个其各位数字的立方和等于该数本身的整数。例如，153 是一个水仙花数，因为 $153=1^3+5^3+3^3$。

（5）编写程序，打印由*组成的倒三角形，其中可以利用循环语句打印如图 A-2 所示的图案。（提示：本题可以使用格式化字符串中的格式控制功能将字符串进行居中处理。）

```
*******
 *****
  ***
   *
```

图 A-2　倒三角形图案的绘制

（6）编写程序打印如下形式的九九乘法口诀表。（提示：为了让算式对齐显示，请使用 fromat 函数格式化输出字符串。）

```
1*1=1
2*1=2    2*2=4
3*1=3    3*2=6    3*3=9
4*1=4    4*2=8    4*3=12   4*4=16
5*1=5    5*2=10   5*3=15   5*4=20   5*5=25
6*1=6    6*2=12   6*3=18   6*4=24   6*5=30   6*6=36
7*1=7    7*2=14   7*3=21   7*4=28   7*5=35   7*6=42   7*7=49
8*1=8    8*2=16   8*3=24   8*4=32   8*5=40   8*6=48   8*7=56   8*8=64
9*1=9    9*2=18   9*3=27   9*4=36   9*5=45   9*6=54   9*7=63   9*8=72   9*9=81
```

参考代码

（1）求最小值的参考程序

```python
num1=eval(input("num1="))
num2=eval(input("num2="))
num3=eval(input("num3="))
min=num1
if num2<min:
    min=num2
```

```
        if num3<min:
            min=num3
print("最小值是{}".format(min))
```

（2）将数字转换为星期几的参考程序

```
num=eval(input("请输入一个 1~7 的整数:"))
if num==1:
    print("Monday")
elif num==2:
    print("Tuesday")
elif num==3:
    print("Wednesday")
elif num==4:
    print("Thursday")
elif num==5:
    print("Friday")
elif num==6:
    print("Saturday")
elif num==7:
    print("Sunday")
else:
    print("Error")
```

（3）输出 10~50 的 3 的倍数的参考程序

```
i=0
for num in range(10,51):
    if(num%3==0):
            print(num,end=' ')
            i+=1
    if(i>=5):
            print()
            i%=5
```

（4）输出 3 位数的水仙花数的参考程序

```
for num in range(100,1000):
    a=num%10
    b=int(num/10)%10
    c=int(num/100)
    if(num==(a**3+b**3+c**3)):
        print(num)
```

（5）打印由*组成的倒三角形的参考程序

```
for i in range(4,0,-1):
    str="*"*(2*i-1)
    print("{:^7}".format(str))   #^7 表示占位 7 个字符并且居中
```

（6）打印乘法口诀表的参考程序

```
for i in range(1,10):
        for j in range(1,i+1):
                print("{}*{}={}".format(i,j,i*j),end='\t')
        print()
```

实验三　函数的定义和调用

实验目的

- 了解函数在程序中的作用。

- 掌握 Python 中自定义函数的使用方法。
- 掌握 Python 中常见内置库函数的使用方法。

实验内容

（1）编写程序验证哥德巴赫猜想之一：2000 以内的正偶数（大于等于 4）都能够分解为两个质数之和，其中每个偶数表达成形如 4=2+2 的形式，每行放 6 个式子。（提示：依照题意，应该将判断某个整数是否为质数的功能定义为一个函数，函数的输入为该整数，输出为逻辑类型数据 True 或者 False；在主程序中构造循环，在循环体内将需要判断的数 n 拆成 i 和 $n-i$（i 和 $n-i$ 都为小于 n 的正整数）；调用定义好的函数分别判断 i 和 $n-i$ 是否为质数，若 i 和 $n-i$ 均为质数，就将 n 打印出来；因为格式的问题，一行不宜打印太多的式子，可以设置计数器 count，每打印一条式子，计数器+1，如果 count 能够被 6 整数，则打印一个换行。）

（2）编写函数，求斐波那契数列第 n 项的值，其中 $F_0=1$，$F_1=1$，$F_n=F_{n-1}+F_{n-2}$。（提示：此题没有太大难度，只需要按照通项公式构造函数即可。需要注意的是，函数中需要对 $n=0$ 和 $n=1$ 这两种情况做特殊处理。）

（3）使用 time 函数库中的函数求当前系统的日期，并计算当前日期是本年度的第几天。（提示：使用 time 函数库中的 strftime()函数可以获得当前日期的字符形式。为了判断今年的年份是不是闰年，需要使用 int()函数将获得的字符串格式的日期数据转换成整数。判断某年是否为闰年的规则为：闰年的年份应该可以被 4 整除但不能被 100 整除，或者该年份直接能被 400 整除。为了简化程序，可以在程序开始处设置两个列表，分别存放平年和闰年中每个月的天数，只需根据今年的年份是否为闰年选择使用对应列表中的数据进行累加，即可得到系统日期为该年中的第几天。）

（4）使用 random 函数库中的函数产生两个 100 以内的随机整数，并判断它们是否互质。（提示：所谓互质，就是指两个数互相不能整除，使用 random.randint(0,100)可生成 100 以内的随机整数。）

（5）请从李力的好友列表中依次读取好友的姓名（lst = ["张伟","莉莉","小明","王刚"]），并给他（她）发送一个 1～10 元的随机红包，打印在屏幕上，并编写函数显示谁是最幸运的人（红包最大的那个人）。（提示：本题需要建立一个字典存放人名及其随机得到的红包，使用 random.uniform (1,10)可生成 1～10 的随机数。）

参考代码

（1）验证哥德巴赫猜想的参考程序。

```python
def isPrime(n):
    result=True
    for i in range(2,n):
        if n%i==0:
            result=False
            break
    return result

count=0
for i in range(4,2001,2):
    for j in range(2,i):
        if isPrime(j) and isPrime(i-j):
            print("{}={}+{}".format(i,j,i-j),end=" ")
            count+=1
            if count%6==0:
                print()
```

```
                    break
```

（2）求斐波那契数列第 *n* 项的值的参考程序。

```
def F(n):
    if n==0:
        return 1
    elif n==1:
        return 1
    else:
        return F(n-1)+F(n-2)

n=eval(input())
print(F(n))
```

（3）求当前日期是本年度的第几天的参考程序。

```
import time
list1=[31,28,31,30,31,30,31,31,30,31,30,31]
list2=[31,29,31,30,31,30,31,31,30,31,30,31]
date=int(time.strftime('%Y%m%d',time.localtime()))
year=date//10000
month=date%10000//100
day=date%100

def ISYEAR (n):
    if (n%4==0 and n%100!=0) or n%400==0:
        return True
    else:
        return False

t=0
if ISYEAR(year)==False:
    for i in range(0,month-1):
        t+=list1[i]
    t+=day

else:
    for i in range(0,month-1):
        t+=list2[i]
    t+=day

print(t)
```

（4）产生两个 100 以内的随机整数，并判断它们是否互质的参考程序。

```
import random
num1=random.randint(0,100)
num2=random.randint(0,100)

def gys(a,b):
    while(a%b!=0):
        a,b=b,a%b
    return b

if gys(num1,num2)==1:
    print('{}和{}互质'.format(num1,num2))
else:
print('{}和{}不互质'.format(num1,num2))
```

（5）谁是幸运王的参考程序。

```python
import random
lst=['张伟','莉莉','小明','王刚']
redbag={}
for p in lst:
    money=random.uniform(1,10)
    redbag[p]=money


max=0
luckydog=''
for k,r in redbag.items():
    print('{}的红包是{:.2f}元'.format(k,r))
    if r>max:
        max=r
        luckydog=k
print('{}是最幸运的人,他的红包是{:.2f}'.format(luckydog,max))
```

实验四 数据结构及文件读写应用

实验目的

- 掌握 Python 中元组和列表的使用方法。
- 掌握 Python 中字典和集合的使用方法。
- 掌握 Python 中文件的使用方法。

实验内容

（1）编写 input()和 output()函数完成学生数据记录的输入与输出，要求记录条数不小于 5，每个学生的信息包括学号、姓名及三门课程的成绩。要求使用 list 来模拟学生记录结构。

（2）有两个磁盘文件 A.txt 和 B.txt，各存放一行字符，请编写程序把这两个文件中的信息合并，并按字母顺序排列，输出到一个新文件 C.txt 中。

（3）当前工作目录下有一个文件名为 class_score.txt 的文本文件，该文件存放某班学生的学号（第 1 列）、数学成绩（第 2 列）和语文成绩（第 3 列），每列数据用制表符（\t）分隔，文件内容如图 A-3 所示，请编程完成下列要求。

林晓晓	95	98
张天天	85	85
朱莉莉	56	36
李乐乐	87	85

图A-3 学生成绩信息

① 分别求这个班数学和语文的平均分（保留 1 位小数）并输出。

② 找出两门课都不及格（<60）的学生，输出他们的学号和各科成绩。

③ 找出两门课的平均分在 90 分以上的学生，输出他们的学号和各科成绩。

（4）编写程序制作英文学习词典，词典有 3 个基本功能：添加、查询和退出。程序读取源文件路径下的 txt 格式词典文件，若没有就创建一个。词典文件存储方式为"英文单词 中文释义"，每行仅有一对中英释义。程序会根据用户的选择进入相应的功能模块，并显示相应的操作提示。当添加的单词已存在时，显示"该单词已添加到字典库"；当查询的单词不存在时，显示"字典库中未找到这个单词"。用户输入其他选项时，提示"输入有误"。

参考代码

（1）输入输出学生数据的参考程序。

```
N = 5
student = []
for i in range(5):
    student.append(['','',[]])

def input_stu(stu):
    for i in range(N):
        stu[i][0] = input('input student num:\n')
        stu[i][1] = input('input student name:\n')
        for j in range(3):
            stu[i][2].append(int(input('score:\n')))

def output_stu(stu):
    for i in range(N):
        print('%-6s%-10s' % ( stu[i][0],stu[i][1] ))
        for j in range(3):
            print( '%-8d' % stu[i][2][j])

if __name__ == '__main__':
    input_stu(student)
    print(student)
    output_stu(student)
```

（2）合并文本文件的参考程序。

```
import string
if __name__ == '__main__':
    fp = open('A.txt')
    a = fp.read()
    print(a)
    fp.close()

    fp = open('B.txt')
    b = fp.read()
    print(b)
    fp.close()

    fp = open('C.txt','w')
    l = list(a + b)
    l.sort()
    s = ''
    s = s.join(l)
    print(s)
    fp.write(s)
    fp.close()
```

（3）统计成绩数据的参考程序。

```
def output_avg(L):
    sum1,sum2=0,0
    for line in L:
        L1=line.strip().split('\t')
        sum1+=int(L1[1])
        sum2+=int(L1[2])
```

```
        count=len(L)
        avg1=round(sum1/count,1)
        avg2=round(sum2/count,1)
        print("这个班的数学平均分为：%4.1f，语文平均分为：%4.1f"%(avg1,avg2))

def output_notpass(L):
        print("两门课均不及格的学生学号及数学、语文成绩为：")
        for line in L:
            L1=line.strip().split('\t')
            if int(L1[1])<60 and int(L1[2])<60:
                print(line)
def output_good(L):
        print("两门课平均分在 90 分以上的学生学号及数学、语文成绩为：")
        for line in L:
            L1=line.strip().split('\t')
            f_score=round((int(L1[1])+int(L1[2]))/2)
            if f_score>=90:
                print(line)

f=open("class_score.txt")
L=f.readlines()
output_avg(L)
output_notpass(L)
output_good(L)
```

（4）制作英文学习词典的参考程序。

```
import sys
while(True):
    chose = input("请输入您的选择（1 表示添加，2 表示查询，3 表示退出）:")
    #实现添加功能
    if chose==1:
        f=open('ghh.txt','a')   #以只写方式打开文件，如果文件存在，则将要写入的内容追加在原文件内容后
        str1 = input("请输入您要添加的英文单词: ")
        str2 = input("请给出相应的释义: ")
        s = str1+' '+str2+'\n'
        f.write(s)
        f.close()

    #实现查询功能
    elif chose==2:
      flag = 0
      f = open('ghh.txt','r')
      word = input("请输入您要查询的单词: ")
      while True:
          s = f.readline()
          pos = s.find(' ')
          s1 = s[0:pos]       #将单词截取出来
          if word==s1:
              print("您想要查询的单词释义为{}".format(s[pos:len(s)]))
              flag = 1
              break
      if(flag==0):
          print("字典中没有您要查询的单词")
```

```
        f.close()

    #实现退出功能
    elif chose==3:
        sys.exit()
    else:
        print("输入有误! ")
```

实验五　GUI 程序设计

实验目的

- 了解 Tkinter 库的相关知识。
- 掌握 Python 中 Tkinter 库的使用方法。
- 掌握 GUI 程序设计的一般流程。

实验内容

使用 Python 提供的内置 Tkinter 库，制作一个简单的计算器，参考界面如图 A-4 所示。（提示：可以参考操作系统中的计算器来设计更加复杂的计算器软件，当输入串中含有非数字或除数为 0 时，通过异常处理机制，使程序能正确运行。）

图 A-4　制作一个简单的计算器

参考代码

```
from tkinter import Tk, Button, Entry, StringVar
# 建立窗口程序
win = Tk()
win.title("整数计算器")
win.geometry("240x300")
win.resizable(0, 0)

# 建立文本框
result = StringVar()
entry = Entry(win, background="white", justify="right",
              textvariable=result, font=('', '26', ''))
entry.place(x=25, y=20, width=190, height=50)
result.set("0")

# 定义函数根据按钮内容进行操作
```

```
def calc(event):
    global num1, num2, opr
    char = event.widget['text']
    if '0' <= char <= '9':
        result.set(eval(result.get()) * 10 + eval(char))
    if char == 'C':
        result.set('0')
    if char == '+' or char == '-' or char == '*' or char == '/':
        num1 = eval(result.get())
        opr = char
        result.set('0')
    if char == '=':
        num2 = eval(result.get())
        if opr == '+':
            result.set(num1 + num2)
        elif opr == '-':
            result.set(num1 - num2)
        elif opr == '*':
            result.set(num1 * num2)
        elif opr == '/':
            result.set(num1 // num2)
        num1 = eval(result.get())

# 建立按钮数组
strList = ["7", "8", "9", "/", "4", "5", "6", "*", "1", "2", "3", "-", "0", "C", "=", "+"]
count = 0
for item in strList:
    btn = Button(win, text=item, font=('', '26', ''))
    btn.place(x=25 + count % 4 * 50, y=80 + count // 4 * 50, width=40, height=40)
    btn.bind('<Button-1>', calc)
    count += 1

# 让程序处于消息监听状态
win.mainloop()
```

附录B 在线教学辅助平台教师使用手册

本教材配套的在线教学辅助平台（https://c.njupt.edu.cn/）包括班级管理、出勤管理、作业管理、题库管理、师生在线交流等功能模块，实践证明本平台可以显著减轻教师的工作负担，并有效提升教学工作效果。

第一步：注册平台账号并申请教师权限。

在浏览器中输入平台网址后，点击首页右上方的"注册"按钮，进入注册页面。如图 B-1 所示，正确填写您的相关信息后，系统会提示您注册成功。之后，您需要将注册时使用的个人信息发给网站管理员（xuejing@njupt.edu.cn），管理员收到邮件后会主动联系您，并核实身份，确认无误后赋予您教师权限。

图 B-1 注册功能界面示意图

第二步：建立自己的班级。

在您使用教师账号登录后，可以在左侧的菜单中找到"课程与班级"的菜单组，点击"班级管理"菜单项，即可显示您目前所管理的所有班级，如图 B-2 所示，每一条班级信息的后面包含三个按钮，分别对应修改班级信息、查看班级信息和批量添加学生的功能。

当您建立自己的班级后，可以在查看班级信息的页面上，看到当前班级包含的所有学生账号，还可以将某个学生从本班中移除，或者帮助学生账号重置密码。

图 B-2 班级列表界面示意图

点击班级列表页面首部的"添加班级"按钮，平台会跳转到添加班级的功能页面，如图 B-3 所示。在该页面中，请仔细填写班级的名称、所属课程（使用本教材的教师请选择"Python 语言程序设计"）以及本班级的授课时间段，填写完毕后点击下方的"保存"按钮，完成班级的创建工作。

图 B-3 新建班级界面示意图

第三步：批量将学生账号添加到班级中。

在班级列表中，请点击班级条目后的"批量添加学生"按钮，打开批量添加学生账号的页面。如图 B-4 所示，您可以直接从学校的教务系统中复制学生的相关信息到该页的文本框中，粘贴过来的信息只需要保证每一条内容的前两个字段分别是学生的学号和姓名即可（字段之间用空格进行分割），系统会自动忽略学号和姓名之外的其他信息。复制完毕后，请点击下方的"提交学生账号信息"按钮，即可完成批量创建学生账号的操作。学生账号的用户名和初始密码均为"学校缩写+本校学号"的形式。**请您务必提醒学生，必须使用该账号登录平台，否则您将无法在班级中看到学生的使用情况。**

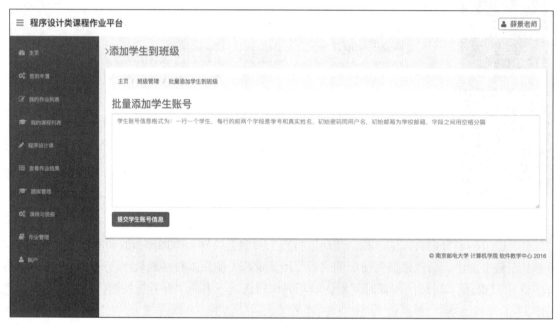

图 B-4　批量添加学生界面示意图

第四步：创建并布置课后作业。

系统中的作业分为"公共作业"和"私有作业"两种类型，公共作业是共享给所有老师使用的作业模版，只有创建该作业的老师有权限对其进行管理，您不能直接将公共作业布置给班级学生。

您需要通过如下操作才可以布置作业给班级学生。

（1）如图 B-5 所示，通过点击左侧菜单栏中"作业管理"菜单组中的"公共作业管理"菜单项打开公共作业列表。

（2）选中所需的公共作业，然后点击页面上方的"复制到私有作业"按钮。

（3）如图 B-6 所示，点击左侧菜单栏中的"作业管理"菜单组中的"私有作业管理"菜单项，打开私有作业列表页面，通过点击每一条作业信息尾部的操作按钮，就可以布置给班级学生，还可以进行作业的修改。

您还可以点击页面上方"新建私有作业"按钮创建只属于您的私有作业，私有作业只对您可见，其他用户无法看到或使用。

图 B-5　公共作业列表界面示意图

图 B-6　私有作业列表界面示意图

第五步：查看并导出作业结果。

在整个教学过程中，您可以随时查看班级中所有学生的作业完成情况，点击左侧菜单栏中"查看作业结果"按钮，出现如图 B-7 所示的界面，选择一个需要查询的班级，点击"开始查询"按钮，便可以得到该班级所有学生的作业情况。如果需要导出，您可以点击表格右上方的"导出数据"按钮，将表格中的数据以 JSON、XML、CSV、TXT、SQL、XLSX 格式导出并保存。

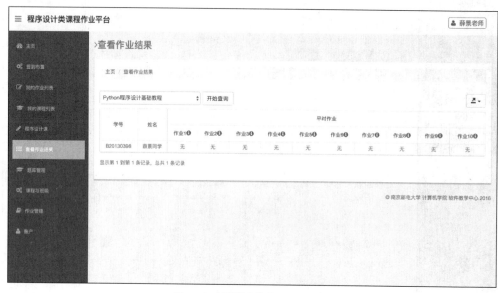

图 B-7　查看学生作业界面示意图

平台其他功能简介：

为了丰富作业中的题目类型，本平台包含题库管理功能，库中所有题目作为共享资源供您任意组合搭配，题库目前可以管理的题目类型包括：选择题、编程题、程序改错题和程序填空题，包含上述题型的作业可以自动判分，无需您手工批改，大大节约您的教学辅助工作量。

作业智能分析模块的功能是定期向您的邮箱发送一份关于近期作业完成情况的分析报告，该报告包含作业的提交情况、完成情况较好及较差的同学名单、作业中所有题目的错误率排名，以及通过代码相似性检测找出的相似作业提醒。该模块能有效挖掘作业中的相关信息，让教师及时关注学习态度不端正或学习方法不得当的学生，通过针对性提前干预，提高课程通过率。

出勤管理模块的主要功能是监督学生平时的出勤状况，教师可以在上课地点布置出勤任务，学生必须在指定的时间段在该地点附近进行签到。该模块可以督促班级内学生按时上课，提升教学效果。

课后讨论模块的主要功能是提供一个在线的师生交流平台，学生用户可以在交流平台上提出自己在学习过程中遇到的问题，其他学生用户或者教师用户在看到这个问题以后，可以提交自己对该问题的回答，提供这个平台的意义在于让更多的同学看到别人提出的问题并参与讨论，提高学生的教学参与度，同时，该模块也减轻了教师在课后答疑环节的工作量。

附录C 配套电子资源使用手册

为了让读者能够快速有效地掌握 Python 语言的编程技能，本教材配套的在线教学辅助平台（https://c.njupt.edu.cn/）提供了丰富的配套电子资源，包括电子课件、源代码、学习视频、在线编程练习，现将电子资源的使用方法介绍如下。

第一步：注册教辅平台账号。

在浏览器中输入平台网址后，点击首页右上方的"注册"按钮，进入注册页面。如图 C-1 所示，正确填写您的相关信息后，系统会提示您注册成功。之后，请使用您的账号信息进行登录。

图 C-1 注册功能界面示意图

第二步：使用激活码添加课程。

登录平台后，可以在左侧菜单中找到"我的课程列表"的菜单组，点击"添加课程"菜单项，即可显示添加课程的功能界面，如图 C-2 所示。此时，需要您找到粘贴在本书封底上的刮刮卡，刮开隐藏的部分，获得激活码，如图 C-3 所示，将激活码填入"添加课程"界面中的文本框中，并点击"提交激活码"按钮，完成课程的添加操作。

图 C-2　班级列表界面示意图

图 C-3　激活码位置示意图

第三步：观看学习视频或者下载电子课件及全书源代码。

　　输入正确的激活码后，即可将本教材对应的课程"Python 语言程序设计"添加到自己的课程中，在菜单中点击课程名称，可以查看课程中的所有教学视频，下载对应的电子课件和书中的源代码，如图 C-4 所示。本教材的电子资源的组织形式是按照周次完成的，读者可以按照建议周次观看教学视频以完成本课程的学习内容。

图 C-4　查看电子资源界面示意图

第四步：完成在线练习。

　　本书的每一章均设有配套的在线练习，在教辅平台左侧菜单中点击"我的作业列表"，可以查看本课程的所有作业，如图 C-5 所示，每一条作业数据之后都有一个"完成作业"按钮，点击该按钮便可以打开作业并完成。

图 C-5   在线练习列表界面示意图

本书配套的所有在线练习分为客观题和编程题两个部分，采用随机抽题策略完成作业组卷，如图 C-6 所示，作业采用即时判分模式，即读者提交答案后便可看到自己的完成情况。

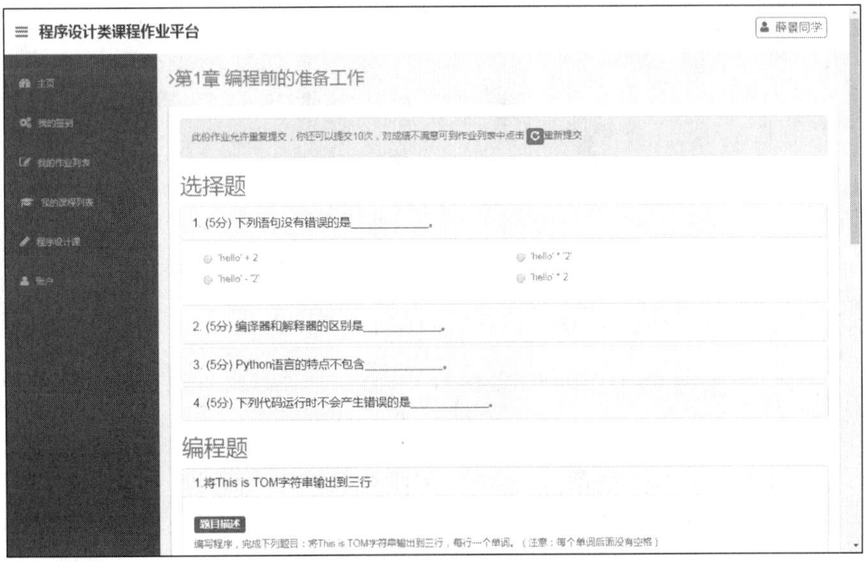

图 C-6   在线练习界面示意图

第五步：在移动终端上使用配套的电子资源。

您也可以在手机或者平板电脑等移动终端上使用配套的电子资源。只需打开移动终端上的浏览器软件，扫描书中的电子资源二维码，并使用您在平台上注册的账号和密码完成登录，即可下载电子课件和源代码、观看教学视频并完成在线练习。